WERKSTATTBÜCHER

FÜR BETRIEBSBEAMTE, KONSTRUKTEURE U. FACHARBEITER
HERAUSGEGEBEN VON DR.-ING. H. HAAKE VDI

Jedes Heft 50—70 Seiten stark, mit zahlreichen Textabbildungen
Preis: RM 2.— oder, wenn vor dem 1. Juli 1931 erschienen, RM 1.80 (10% Notnachlaß)
Bei Bezug von wenigstens 25 beliebigen Heften je RM 1.50

Die Werkstattbücher behandeln das Gesamtgebiet der Werkstatttechnik in kurzen selbständigen Einzeldarstellungen; anerkannte Fachleute und tüchtige Praktiker bieten hier das Beste aus ihrem Arbeitsfeld, um ihre Fachgenossen schnell und gründlich in die Betriebspraxis einzuführen.

Die Werkstattbücher stehen wissenschaftlich und betriebstechnisch auf der Höhe, sind dabei aber im besten Sinne gemeinverständlich, so daß alle im Betrieb und auch im Büro Tätigen, vom vorwärtsstrebenden Facharbeiter bis zum leitenden Ingenieur, Nutzen aus ihnen ziehen können.

Indem die Sammlung so den einzelnen zu fördern sucht, wird sie dem Betrieb als Ganzem nutzen und damit auch der deutschen technischen Arbeit im Wettbewerb der Völker.

Einteilung der bisher erschienenen Hefte nach Fachgebieten

WERKSTATTBÜCHER

FÜR BETRIEBSBEAMTE, KONSTRUKTEURE UND FACH-
ARBEITER. HERAUSGEBER DR.-ING. H. HAAKE VDI

HEFT 68

Formsandaufbereitung und Gußputzerei

Von

Prof. Dipl.-Ing. U. Lohse
Jena

Mit 123 Abbildungen im Text

Berlin
Verlag von Julius Springer
1938

Inhaltsverzeichnis.

Anmerkung. Der Kürze wegen sind bei den verschiedenen Abbildungen die vollständigen Namen der ausführenden Firmen nur einmal angegeben. Bei Wiederholungen sind Abkürzungen gewählt, wie z. B. Ausführung: Badische Maschinenfabrik Durlach (BMD) usw.

ISBN 978-3-7091-9757-8   ISBN 978-3-7091-5018-4 (eBook)
DOI 10.1007/978-3-7091-5018-4

I. Formsandaufbereitung.

A. Formsand als Werkstoff.

1. Zusammensetzung. Formsand ist durch Verwitterung und Ablagerung von Eruptivgesteinen entstanden. Seine geeignete Zusammensetzung ist Vorbedingung für die Herstellung einer gießgerechten Form. Schätzungsweise ist etwa die Hälfte aller Fehlgüsse auf die Verwendung ungeeigneten oder nicht richtig aufbereiteten Formsandes zurückzuführen.

In der Hauptsache stellt er ein Gemenge von Quarzsandkörnern und Ton dar, dem je nach Lagerstätte andere Mineralstoffe, namentlich Eisenoxyd und Kalk beigemengt sein können. Es sind dies unerwünschte Begleiter, besonders der Kalk. Meist sind sie aber nur in kleinen Mengen vorhanden. Quarz ist chemisch Kieselsäure, farblos und mehr oder weniger durchscheinend. Von ausschlaggebender Bedeutung sind Größe und Form der Quarzkörner, deren Durchmesser zwischen 0,5 und 0,01 mm liegen, wobei meist eine oder zwei Korngrößen in der Hauptsache bei einer Sandart vorhanden sind, so daß man grob-, mittel- und feinkörnige Sande unterscheidet, je nach dem Durchmesser des größeren Kornanteils. Die Körner sind meist unregelmäßig gestaltet. Die Kornoberfläche ist glatt, rauh oder zackig, wodurch das Haften des Tons am Korn begünstigt wird.

Beim Ton kommt es nicht allein auf den absoluten Gehalt an, sondern wesentlich auch auf die Bindefähigkeit, die er durch das zugegebene Anfeuchtwasser erhält. Einwandfrei ist die Frage der Tonwirkung noch nicht geklärt. Wenn einige Sande schon bei mittlerem Tongehalt eine gute Bindefähigkeit besitzen, so ist das durch die leimartige oder kolloidale Tonsubstanz zu erklären. Sie befindet sich zwischen den Quarzkörnern bzw. umhüllt sie mit einer dünnen Schicht (Abb. 1). Das Anfeuchten läßt den Ton aufquellen, und so hält er als Bindemittel die Quarzkörner zusammen.

Abb. 1. Formsand.

In jedem Sande findet sich Eisenoxyd, das den Sand färbt. Sind größere Mengen davon vorhanden, so führt es zu einem schädlichen Einbrennen von Sandteilen in die Gußoberfläche.

Der Kalk ($CaCO_3$) zerfällt bei der hohen Gießtemperatur. Die dabei entstehende Kohlensäure kann leicht blasigen Guß veranlassen.

Je nach dem Tongehalt unterscheidet man:

mageren Sand	mit etwa	5 ··· 8 %	Ton
mittelfetten Sand	„ „	8 ··· 20 %	„
fetten Sand oder Masse	„ über	20 %	„

2. Eigenschaften. Von einem zur Herstellung von Gußformen benutzten Formsand müssen Bildsamkeit, Standfestigkeit, Gasdurchlässigkeit und Feuerbeständigkeit verlangt werden, Eigenschaften, die sich teilweise widersprechen und nur durch eine sachgemäße Aufbereitung miteinander in Einklang zu bringen sind. Bildsamkeit ist notwendig, damit sich der Sand den Umrissen der Modelle genau anpassen kann, so daß die Form ein treues Abbild des Modells mit allen seinen Feinheiten darstellt. Die Standfestigkeit muß so groß sein, daß die Form dem

1*

Druck des einfließenden Eisens widersteht, ohne daß Teile beschädigt werden,
oder sich gar die ursprünglichen Formabmessungen ändern. Entscheidend für
diese beiden Eigenschaften sind Ton- und Wassergehalt, daneben sind auch Größe
und Form der Quarzkörner von Einfluß. Je mehr Ton ein Sand enthält, um so
größer sind seine Bildsamkeit und Standfestigkeit, die auch von der Höhe des
Wassergehalts abhängen. Ein Zuviel wirkt dabei ebenso nachteilig wie ein Zu-
wenig. Der Wassergehalt darf schon aus dem Grunde nicht zu hoch sein, weil
er eine zu große Dampfentwicklung beim Gießen zur Folge hat, was poröse Stellen
und rauhe Gußoberflächen veranlaßt. Je ungleichförmiger, zackiger und feiner
das Quarzkorngefüge ist, um so inniger schieben sich die Körner beim Verdichten der Form über dem Modell ineinander d. h. um so bildsamer ist der Sand (Abb. 2 u. 3).

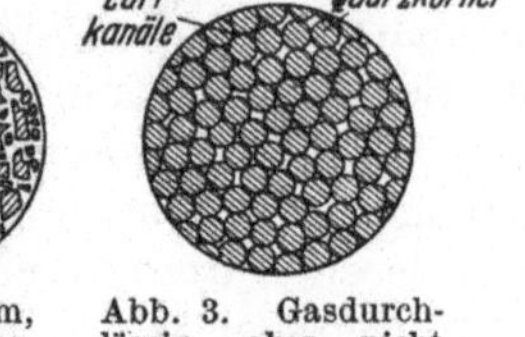

Abb. 2. Bildsam,
aber wenig gas-
durchlässig.

Abb. 3. Gasdurch-
lässig, aber nicht
bildsam.

Abb. 2 u. 3.   Formsandkörnungen.

Die mit Rücksicht auf die Gasdurchlässigkeit zu erfüllenden Voraussetzungen
stehen oft mit denen für Bildsamkeit und
Standfestigkeit im Widerspruch, da die Gasdurchlässigkeit mit steigendem Tongehalt sinkt.
Eine Zunahme des Feuchtigkeitsgehalts bis 7 %
führt dagegen zu einer Verbesserung der Gasdurchlässigkeit. Das erklärt sich
aus der durch das Wasser hervorgerufenen besseren Bindefähigkeit des Tons,
der infolgedessen nicht zwischen den Quarzkörnern liegen bleibt, sondern sie
mit einer dünnen Tonschicht umhüllt. Dadurch werden die Zwischenräume frei,
so daß die Gase abziehen können. Ohne gute Entgasung der Form läßt sich
kein einwandfreies Stück gießen, daher wird durch Stechen von Luftkanälen mit
dem Luftspieß immer für eine zusätzliche Abfuhr der in dem Hohlraum der
Form vorhandenen Luft und der beim Gießen entstehenden Gase gesorgt, selbst
wenn der Formsand eine gute Gasdurchlässigkeit besitzt.

Die Feuerbeständigkeit ist nötig, damit der Sand bei den hohen Gieß-
temperaturen nicht sintert oder schmilzt oder Veränderungen erfährt, die für die
Festigkeit der Form nachteilig sein können. Quarz und Ton entsprechen diesen
Anforderungen ohne weiteres, während die vorhandenen Eisenoxyde und Kalk-
mengen die Feuerbeständigkeit senken, weil sie mit Quarz und Ton leichter
schmelzbare Verbindungen bilden. Je kleiner dabei die Quarzkörner im Formsand sind, um so größer ist die Gefahr des Erweichens. Die Folge ist ein teil-
weises Schmelzen der Formoberfläche und ein Einbrennen des Sandes im Gußstück. Dabei überzieht es sich mit harten, glasigen Krusten und wird außerdem
unsauber und rauh. Beim Putzen und Bearbeiten machen diese Krusten erhebliche Schwierigkeiten, indem sie die Werkzeugschneiden stumpf machen
und beschädigen, außerdem die Bearbeitungszeit verlängern und dadurch die
Kosten erhöhen. Im allgemeinen ist die Schmelztemperatur der Formsande um
so niedriger, je größer die Zahl ihrer Bestandteile ist. Je größer die Körner
sind und je mehr sie sich der Kugelform nähern, um so schwerer schmelzbar
wird der Formsand.

Unter Porosität wird die Summe aller Hohlräume zwischen den einzelnen
Sandkörnern, bezogen auf eine Raumeinheit, verstanden, wohingegen die Gasdurchlässigkeit durch den Widerstand gekennzeichnet wird, den die Gießgase
beim Durchströmen dieser Hohlräume finden. Der Sand ist um so durchlässiger,
je poröser er ist.

3. Verwendung. Der in der Formerei verwendete Gebrauchssand ist ein
Gemenge von Altsand, Neusand, Kohlenstaub und Wasser, dessen Zusammen-

setzung sich nach Art und Größe der Gußstücke richtet. Neusand allein zu benutzen verbietet sich schon aus wirtschaftlichen Gründen, er dient vielmehr nur zum Auffrischen des Altsandes, dessen Brauchbarkeit durch die Temperaturwechsel in der Form nachteilig beeinflußt wird. Es zerspringen die Quarzkörner, wodurch Bildsamkeit und Gasdurchlässigkeit abnehmen. Der Ton wird totgebrannt und verliert dadurch seine Bindefähigkeit. Die Gasdurchlässigkeit wird weiter dadurch verringert, daß der in jedem Formsand, wenn auch nur in kleinen Mengen, vorhandene kohlensaure Kalk sich in gebrannten Kalk umsetzt, der zusammen mit der durch das Verbrennen des Kohlenstaubs entstehenden Asche die Poren des Sandes verstopft. Schließlich läßt es sich nicht vermeiden, daß beim Ausschlagen der Formen ein Teil des Kernsandes unter den Altsand fällt, wodurch gleichfalls seine Bildsamkeit und Durchlässigkeit leiden.

In der Formerei unterscheidet man Haufen- oder Füllsand, der nur zum Füllen der Kästen verwendet wird und aus gut gesiebtem, aufbereiteten Altsand besteht, und Modellsand, mit dem die Modelle in einer 50···100 mm starken Schicht unmittelbar umgeben werden, dem eigentlichen Gebrauchssand, der vor der Benutzung einer sorgfältigen Aufbereitung unterzogen werden muß. Je nach der Lagerstätte, die den Neusand lieferte, und der Größe des Gußstückes mischt man den Gebrauchssand aus Altsand, einer oder mehreren Sorten Neusand (20···50%), Steinkohlenstaub (5···15%) und Wasser. Die Körnung des Sandes hat sich nach der Gußstückart zu richten, sie soll in jeder Form möglichst gleich sein; dünnwandiger Guß erfordert einen mageren feinkörnigen Sand, dickwandiger einen groben fetteren. Auch ist es von Bedeutung für die Wahl des Sandes, ob von Hand oder mit Maschine geformt wird. Im letzteren Falle wird ein sog. Einheitssand verwendet, aus dem die ganze Form besteht, auf das Bedecken der Modelle mit Modellsand wird hier im allgemeinen verzichtet. Bei der zu benutzenden Korngröße spielt es ferner eine Rolle, ob in grünen Formen (Naßguß) oder in getrockneten (Trockenguß) gegossen werden soll.

Der Steinkohlenstaub soll das Anbrennen des Sandes an der Gußstückoberfläche verhindern, indem das in die Form tretende flüssige Eisen die Kohlenteilchen vergast. So entsteht zwischen Sandoberfläche und Gußstück eine trennende Gasschicht. Größte Feinheit und gleichmäßige Körnung sind notwendig. Vereinzelte gröbere Kohlekörnchen wirken schädlich, weil sie das gleichmäßige Gefüge der Formoberfläche stören. Sie brennen beim Gießen heraus und haben das Entstehen von Höckern auf der sonst glatten Gußoberfläche zur Folge. Am besten verwendet man gasreiche langflammige Sorten, die wenig zur Koksbildung neigen und einen geringen Aschengehalt aufweisen. Kaffeebraune Färbung des Steinkohlenstaubs gilt als Zeichen guter Eignung. Beim Mahlen ist wegen der Explosionsgefahr Vorsicht geboten.

Masse, ein fetter Quarzsand mit einem natürlichen Tongehalt von 20% und mehr wird gegenüber der in der Stahlgießerei verwendeten Stahlgußmasse in der Eisengießerei mit Graugußmasse bezeichnet. Diese gleichfalls in Gruben gewonnene Sandart soll scharfkantige, splitterige Körner besitzen, wodurch Bildsamkeit und Standfestigkeit, allerdings unter Verschlechterung der Gasdurchlässigkeit, verbessert werden. Um sie zu steigern und namentlich die Wasserdampfbildung herabzusetzen, werden Masseformen vor dem Ausgießen bei etwa 400° getrocknet. Infolge der dabei eintretenden Schwindung des Tons entstehen zwischen den Sandkörnchen Hohlräume. In erster Linie wird Masse für große dickwandige Gußstücke benutzt, deren Formen durch den großen Druck des flüssigen Eisens stark beansprucht und besonders lange hohen Temperaturen ausgesetzt werden, außerdem für solche, deren Herstellung längere Zeit erfordert.

B. Allgemeine Grundlagen der Sandaufbereitung.

4. Der Verbrauch an Formsand zur Herstellung von Grauguß kann nach den Schätzungen von Dr. *Rodehüser* jährlich allein für Deutschland auf etwa zwei bis drei Millionen Tonnen angesetzt werden. Die durch neuen Sand zu ersetzende Menge, also der wirkliche Verbrauch, ist natürlich wesentlich geringer. Der bei weitem größte Teil gelangt als Füllsand zur Verwertung, der nur wenig abgenutzt wird und demnach noch bei einer einfachen Auffrischung durch Neusand lange Zeit gebraucht werden kann, bis er wertlos wird. Der Bedarf an Modellsand ist durch die mehr oder weniger große Sperrigkeit der Gußstücke bedingt. Er beträgt nur etwa 10 bis 20% des Gesamtformsandverbrauchs. Infolge der hohen Temperaturen, denen der Modellsand durch das Eingießen des flüssigen Metalls ausgesetzt ist, werden seine chemische Zusammensetzung und sein Gefüge erheblich verändert, so daß seine Wiederverwertung nicht möglich ist. Jede Form wird also mit neuem Modellsand angefertigt. So stellt sich der Neusandverbrauch auf nur etwa $\frac{1}{30}$ des Gesamtverbrauchs an Formsand überhaupt. Trotzdem ist der Neusandverbrauch jeder Gießerei ziemlich erheblich.

5. Der Formsandfluß in der Gießerei ist im allgemeinen ein Kreislauf: Formplatz—Gießplatz—Ausleerstelle—Aufbereitung—Formplatz usf. Im beispielhaften Schema des Kreislaufs von Einheitsformsand Abb. 4 für Formmaschinenbetrieb treten bei der Formstelle rechts 100% Einheitssand, bestehend aus 88% des aufbereiteten Alt-Neusandgemisches (76% Altsand, 6% Neusand, 5% Wasser und 1% Kohle) und 12% des aufbereiteten Abstreifsandes in den Kreislauf ein. Unter Abstreifsand wird der Formsand verstanden, der beim Herstellen der Formen abgestrichen wurde, zusammen mit den Sandmengen, die beim Füllen der Kästen daneben gefallen sind. Dieser Abstreifsand ist also dem Gießvorgang nicht unterworfen worden und bedarf daher nur einer einfachen auflockernden Aufbereitung. 100% Einheitssand gelangen als Formsand zur Gießstelle, deren örtliche Lage an sich natürlich keine Rolle spielt. Auf dem Wege dorthin verdunstet aber etwa 1% Wasser. Durch die Einwirkung der hohen Temperatur des flüssigen Eisens gehen an der Gießstelle nochmals 4% Wasser und 0,5% Kohlenstaub verloren, daneben noch Kolloide des Tons, deren Menge schwer festzustellen ist. So befinden sich in den ausgegossenen Formen nur noch etwa 82,5% der ursprünglichen Formsandmengen. An der Ausschlagstelle links wird nicht aller Sand restlos von den Gußstücken entfernt, man kann vielmehr damit rechnen, daß etwa 6,5% Formsand mit dem Guß zur Putzerei wandern und als verloren anzusehen sind; daher gelangen nur etwa 76% der in den Kreislauf eingetretenen Sandmengen als Altsand in die Hauptaufbereitung. Hier wird er durch Zugabe von 6% Neusand, 5% Wasser und 1% Kohle wieder in den

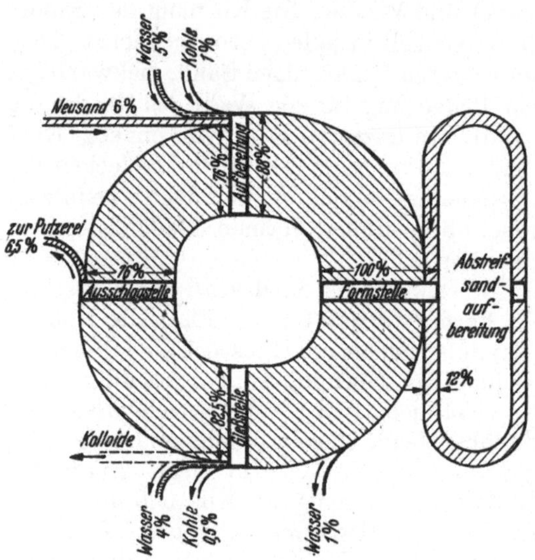

Abb. 4. Kreislauf von Einheitsformsand. (BMD.)

alten Zustand versetzt. Die gewählten Zahlenwerte sind nicht allgemein maßgebend, sie gelten nur für den besonderen Fall des Beispiels.

Der Kreislauf von Modell- und Füllsand Abb. 5 ist verwickelter, weil, wie bereits ausgeführt, der Modellsand nach dem Gießen im Altsand verschwindet. Bei der Formstelle, im Bilde oben, treffen 20 % Modellsand und 80 % Füllsand ein, der Abstreifsand geht mit 10 % in die Altsandaufbereitung, so daß in der Form 90 % der ursprünglichen Modell - Füllsandmenge zur Gießstelle gelangen, wo 5 % Wasser, 1 % Kohle und Kolloide verlorengehen. Von den restlichen 84 % geht ein Verlust von 5,7 % mit dem Rohguß zur Putzerei, 11,5 % werden der Modellsandaufbereitung und die restlichen 66,8 % der Altsandaufbereitung zugeführt, wo unter 4 % Wasserzugabe die Erneuerung des Füllsandes vorgenommen wird. In die Modellsandaufbereitung werden 57,3 % Füllsand, 30 %

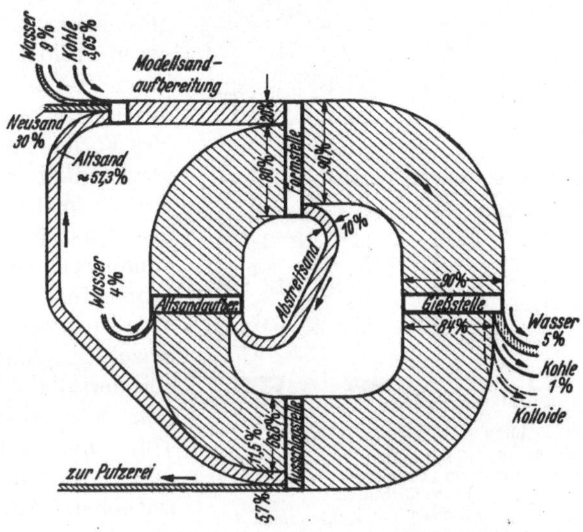

Abb. 5. Kreislauf von Modell- und Füllsand. (BMD.)
Bilanz (ohne Wasser): Zugang = 0,20(30 + 3,65) ≈ 6,7 %
Abgang = 5,7 + 1,0 = 6,7 %

Neusand, 9 % Wasser und 3,65 % Kohle gegeben und miteinander innig vermischt, um dann als Modellsand getrennt vom Füllsand zur Formstelle gefördert zu werden. Auch hier sind die angenommenen Zahlenwerte nur als Beispiel zu nehmen und haben keine allgemeine Geltung.

6. Zweck der Aufbereitung ist es, die einzelnen Bestandteile des Formsandes im richtigen Verhältnis zuzuteilen, sie zu mengen, zu mischen und aufzulockern, so daß ein Fertigsand entsteht, der die zu verlangenden guten formtechnischen Eigenschaften in hohem Maße besitzt. Während das Zuteilen und Auflockern einer maschinellen Durchführung keine großen Schwierigkeiten bietet, ist das beim Mengen, besonders aber beim Mischen sehr der Fall, wenn man den Idealzustand des Formsandes auch nur annähernd erreichen will. Die Aufbereitung geht aus von den in gewissen Mengen aufgegebenen Einzelbestandteilen, die sich nach der Sandart sowie nach Gestalt und Abmessungen der Gußstücke richten müssen: Altsand, Neusand, Ton, Kohlenstaub und Wasser (Abb. 6 u. 7). Abb. 6 zeigt die Anteile an Quarz, Ton, Kohle und Wasser in einem Kubikdezimeter Formsand nach dem Zuteilen, während Abb. 7 den Zustand des gleichen Inhaltes nach einfachem Vermengen der Einzelstoffe untereinander darstellt. Wie man sieht, ist dabei von einem gleichmäßigen Gefüge nicht die Rede. Im Quarz befinden sich Nester von Ton mit anklebenden Kohlenstaub- und Wasserteilchen und Streifenstücke von Ton, Kohlenstaub und Wasser, die überhaupt nicht beeinflußt wurden. Die Abb. 8 u. 9 zeigen das Gefüge in einem Kubikmillimeter, also erheblich vergrößert. Die großen Kugeln sollen die Quarzkörner darstellen. Nach trockenem Mischen haben sich die Ton- und Kohleteilchen zu einigen Gruppen zwischen den Quarzkörnern zusammengeballt, andererseits haben die letzteren wieder Gruppen für sich gebildet, ohne eine Tonbindung zu erhalten. Auch ein

solcher Sand ist unbrauchbar, denn er ist weder gasdurchlässig noch genügend bildsam. In Abb. 9 ist dagegen ein ideal gemischter Formsand veranschaulicht, bei dem jedes Quarzkorn von einer Gemengeschicht aus Ton, Kohlenstaub und Wasser umgeben ist. Die Schichten berühren sich gegenseitig und führen so zu einer ausgezeichneten Bildsamkeit, während die zwischen ihnen frei bleibenden Räume eine gute Gasdurchlässigkeit gewährleisten. Ein solches ideales Formsandgefüge ist zwar praktisch selbstverständlich nicht erreichbar, schon aus dem Grunde nicht, weil kein Natursand nur kugelige Quarzkörnchen gleichen oder auch nur annähernd gleichen Durchmessers hat. Das Idealgefüge weist nur der Aufbereitung den Weg, insofern es ihr Bestreben sein muß, die einzelnen Quarzkörner, deren Abmessungen bei derselben Fertigsandart möglichst gleich sein sollen, allseitig mit einer Schicht feuchten Tons und Kohle zu umgeben (vgl. Abb. 1). Diese Forderung zu erfüllen, ist mit den neuzeitlichen Aufbereitungsmaschinen durchaus möglich. Ihre Hauptgruppen bestehen aus Zerkleinerungsvorrichtungen, wie Kollergängen, Kugelmühlen, Sieben vieler Art zum Erzielen der gewünschten Korngrößen, und Mischmaschinen der verschiedenen Bauart zum Erzielen eines gleichmäßigen Gefüges im Sinne der vorstehenden Ausführungen.

7. Die grundsätzlichen Arbeitsgänge bei der Aufbereitung von Gebrauchssand (Abb. 10) bilden drei Gruppen: für Neusand, Altsand und Fertigsand.

Der Neusand wird, soweit er nicht grubenfeucht verwendet wird, zunächst getrocknet und dann gesiebt, um auf die gewünschte Korn

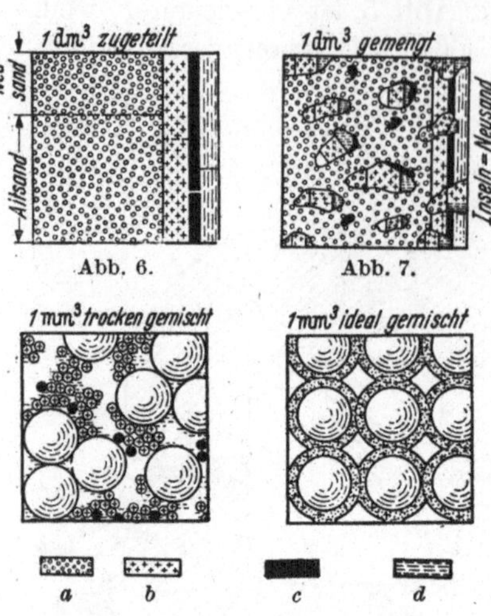

Abb. 6···9. Gefügeaufbau von gemengtem und gemischtem Formsand (schematisch) nach *Rodehüser*.

a = Quarz; b = Ton; c = Kohlenstaub; d = Wasser. $a:b:c:d = 70:15:5:10$; $\Sigma = 100\%$

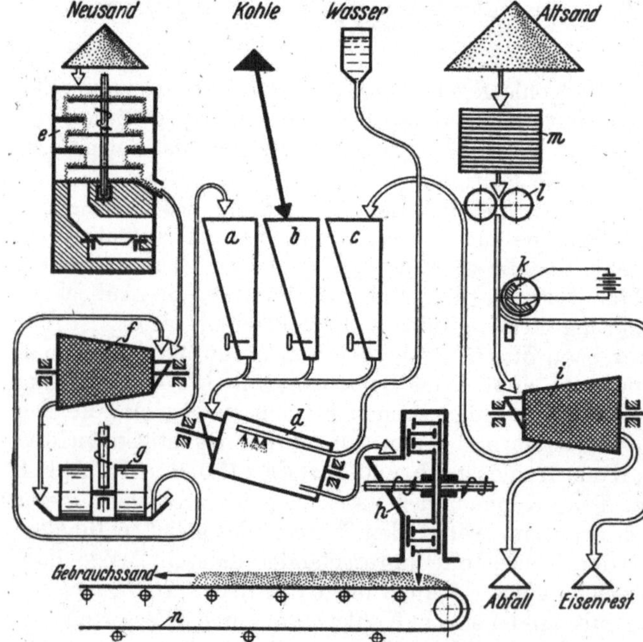

Abb. 10. Aufbereitung von Gebrauchssand. (BMD.) (Schema.)

a = Neusandbehälter; b = Kohlebehälter; c = Altsandbehälter; d = Mischtrommel; e = Sandtrockenofen; f = Sieb; g = Kollergang; h = Schleudermühle; i = Sieb; k = Magnetscheider; l = Quetschrollen; m = Rost; n = Förderband.

größe gebracht zu werden. Der Siebdurchfall gelangt in den Neusandsilo, während der nicht durch die Siebmaschen gehende Teil in einen Kollergang fällt, von wo er zerkleinert wieder in das Sieb gebracht und nochmals gesiebt wird, um dann zusammen mit dem ersten Siebdurchfall dem Neusandsilo zugeführt zu werden.

Der Altsand gelangt durch einen Rost, der große Knollen und sonstige Beimengungen wie Eingüsse, Holz, Papier usw., die bei der Formherstellung und dem Ausschlagen mit in den Sand gekommen sind, zurückhält. Brechwalzen zerkleinern die noch vorhandenen gröberen Sandklumpen. Der so vorbereitete Sand läuft über einen Eisenausscheider, der die noch vorhandenen kleineren Eisenteile wie Spritzeisen, Formstifte u. ä. herauszieht. Nach Absieben wird der Sand in den Altsandsilo gebracht.

Der Kohlenstaub lagert in dem Kohlenstaubsilo. Durch Zuteilvorrichtungen werden Alt-, Neusand und Kohlenstaub in entsprechenden Mengen aus den verschiedenen Behältern entnommen und in eine Mischvorrichtung gegeben, wo sie innig miteinander gemischt und mit dem erforderlichen Wasserzusatz versehen werden. Das Gemisch tritt in eine Schleudermühle oder eine andere Auflockerungsmaschine. Dort erfolgt ein nochmaliges Durchmischen, ferner ein Auflockern und Durchlüften des Sandes, der aus dieser Maschine entweder in den Fertigsandsilo geschafft wird, von wo er mit Karren oder Loren zu den Arbeitsplätzen gefahren wird, oder er wird, wie in der Skizze, als fertiger Gebrauchssand auf einen Bandförderer geschleudert, der ihn unmittelbar zu den Formplätzen trägt. Die einzelnen Aufbereitungsmaschinen sind miteinander durch Becherwerke verbunden, soweit der Sand nicht durch seine eigene Schwerkraft unmittelbar von einer in die andere fällt.

Bei der schematischen Darstellung einer selbsttätigen Sandaufbereitungsanlage Abb. 11 kann man den Zusammenhang der Maschinen unter-

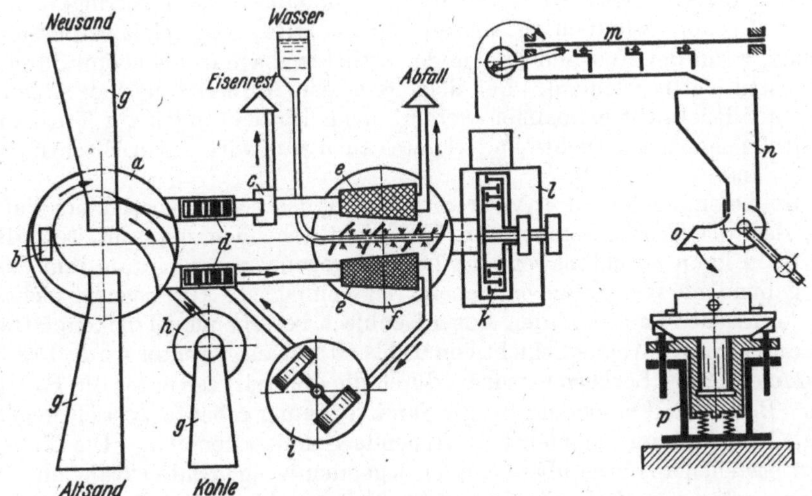

Abb. 11. Selbsttätige Sandaufbereitungsanlage. (BMD.) (Schema.)

a = Zuteilteller; b = Kollerwalze; c = Magnetwalze; d = Becherwerke; e = Siebe; f = Mischtrog; g = Silos; h = Kohlenzuteiler; i = Kollergang; k = Schleudermühle; l = Sammler; m = Schiebeförderer; n = Behälter; o = Zuteiler; p = Formmaschine.

einander gut erkennen. Man sieht links den Zuteilteller mit den Ausläufen der drei Silos und einer Kollerwalze in der Altsandbahn, die den Walzenbrecher in Abb. 10 ersetzt. Auch der Kohlenstaubsilo hat einen Zuteilauslauf erhalten. Das Mischen und Anfeuchten erfolgt in einem unter den Neu- und Altsandsieben stehenden zylindrischen Mischtrog mit Scharrwerken. Zwei Becherwerke heben die vom Zuteilteller abgegebenen Neu- und Altsandmengen nebst Kohlenstaub auf den höchsten Punkt der Anlage. Aus der Schleudermühle wird der Gebrauchssand auf einen Schiebeförderer gebracht, der ihn in Einzelbehälter, wie in der Skizze rechts angedeutet, abgibt. Aus ihnen wird dann durch das Öffnen des die Behälter abschließenden Zuteilers der auf die darunterstehende Formmaschine gestellte Kasten mit Sand gefüllt.

C. Trocknen des Sandes.

8. Bedeutung und Verfahren. Es wurde bereits darauf hingewiesen, daß die Erzeugung eines gleichmäßigen Sandgemisches große Schwierigkeiten macht. Ohne sehr wirksame Mischwerkzeuge in den Sandaufbereitungsmaschinen ist es nur dann zu erreichen, wenn der von der Grube kommende Neusand zunächst, wie es früher immer geschah, getrocknet und hierauf vor dem Mischen bis zur natürlichen Kornfeinheit gekollert wird, ohne aber das Korn selbst zu zertrümmern. Wenngleich durch das Trocknen vorübergehend die Bindefähigkeit des Neusandes aufgehoben wird, ein Teil des Kolloidgehaltes verbrennt und die groben Körner durch das Kollern teilweise zersplittert werden, so erleichtert die Trocknung doch eine gute Mischung sehr. Sie ist besonders trotz ihrer Unwirtschaftlichkeit auch heute noch bei manchen knolligen Neusanden, namentlich solchen mit hohem Gehalt an Kolloiden, nicht zu entbehren. Es hat also schon eine gewisse Berechtigung, wenn man den Neusand erst trocknet und nachher im Verlauf des Aufbereitungsganges wieder anfeuchtet. Trotzdem geht heute das Bestreben dahin, durch Zumischung grubenfeuchter Neusande nicht nur die Kosten für das Trocknen zu vermeiden, sondern auch die vorhandenen Kolloide zu erhalten. Hierdurch wird der Modellsand verbessert und der Neusandanteil kann verringert werden, so daß der Gesamtverbrauch an Neusand kleiner wird. Das spielt besonders dann eine Rolle, wenn der Neusand infolge der örtlichen Lage der Gießerei durch hohe Frachtkosten verteuert wird. Bei dem Bau der Aufbereitungsmaschinen muß aber hierauf Rücksicht genommen werden, denn Einrichtungen zur Trockensandaufbereitung eignen sich nicht ohne weiteres auch zum wirksamen Mischen grubenfeuchter Sande.

Es ist bei allen Trockenvorrichtungen des Sandes besonders dafür zu sorgen, daß die Trockentemperatur 100° nicht erheblich überschreitet. Bei zu fettem Sand kann ausnahmsweise bis zu 400° gegangen werden, um ihm das chemisch gebundene Wasser zu entziehen. Das einfachste Trocknen erreicht man, indem der feuchte Sand auf den aus Eisenblech bestehenden Trockenplatten der Trockenkammer in einer Schicht von 60 bis 80 mm ausgebreitet wird. Der Boden der Kammer ist mit Löchern versehen, durch die die Heizgase unter die Platten gelangen. Besser sind besonders für die Sandtrocknung gebaute Vorrichtungen, wie Darren, Drehöfen und namentlich stehende Sandtrockenöfen. Die Trockendarren bestehen aus zwei übereinander liegenden waagerechten Kanälen, die miteinander verbunden sind. Sie sind mit schrägen Eisenplatten abgedeckt. Die Feuerung liegt vor der einen Stirnwand. Drehrohröfen mit waagerechter oder geneigter Längsachse eignen sich besonders für durchgehenden Betrieb. Sand und Feuergase bewegen sich meist gegenläufig. Der auf einem Ende aufgegebene Sand wird durch Schaufeln an der Innenwand der Trommel nach dem Auslauf zu gefördert. In allen Fällen ist durch Kamine für die Entfernung des sich bildenden Wasserdampfes aus den Trockenräumen zu sorgen. Angebaute Ventilatoren unterstützen häufig die Trockenwirkung. Der Nachteil aller dieser Trockner mit waagerechter Achse ist ihre schlechte Zugänglichkeit und ihr großer Bedarf an Bodenfläche. Deshalb werden sie mehr und mehr durch senkrechte Öfen verdrängt.

9. Neuzeitliche Trockenöfen. Der stehende Sandtrockenofen Abb. 12 u. 13 steht auf einem gemauerten Sockel, in dem gleichzeitig die Feuerung eingebaut ist. Es kann mit allen Brennstoffen gefeuert werden, die keine Flugasche mit in den Ofenschacht gelangen lassen. Auch Gas oder Öl können benutzt werden. Der Sand wird meist von einem Becherwerk, in dessen Auslauf eine selbsttätige Klappe vorgesehen ist, durch die Decke des Ofens aufgegeben. Die Klappe sammelt eine gewisse Sandmenge an und führt sie auf einmal dem Ofen zu, worauf sie sich wieder von selbst schließt. Diese Vorrichtung ist nötig, um das Eintreten von Heizgasen in das Becherwerk zu verhindern. Der Sand wandert unter Einwirkung von Abstreifern von Teller zu Teller, die abwechselnd fest und drehbar sind (Abb. 13), durch den Ofenschacht im Gegenstrom zu den aufsteigenden Feuergasen nach unten, wo er durch einen seitlichen Auslauf ausgetragen wird.

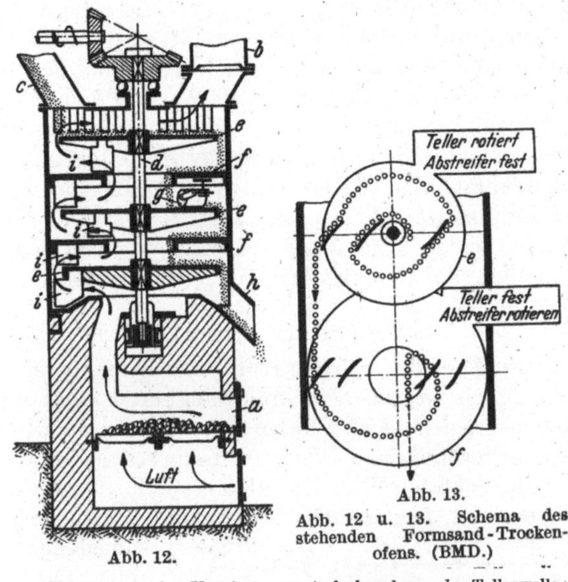

Abb. 12 u. 13. Schema des stehenden Formsand-Trockenofens. (BMD.)

Abb. 12.

a = Feuerung; b = Kamin; c = Aufgeberohr; d = Tellerwelle; e = Drehteller; f = Feste Teller; g = Kollerwalze; h = Sandaustritt; i = Abstreifer.

Um etwa im Sand vorhandene Knollen zu zerdrücken, sind zwischen den Tellern je nach Ofengröße eine oder mehrere Quetschwalzen angeordnet. Im Ofen werden die Feuergase gut ausgenutzt. Sein Mantel besteht aus abnehmbaren Blechsegmenten, so daß das Innere leicht zugänglich ist. Die Teller können einfach ausgebaut werden, da sie zweiteilig mittels Keilverschluß auf der Antriebswelle befestigt sind.

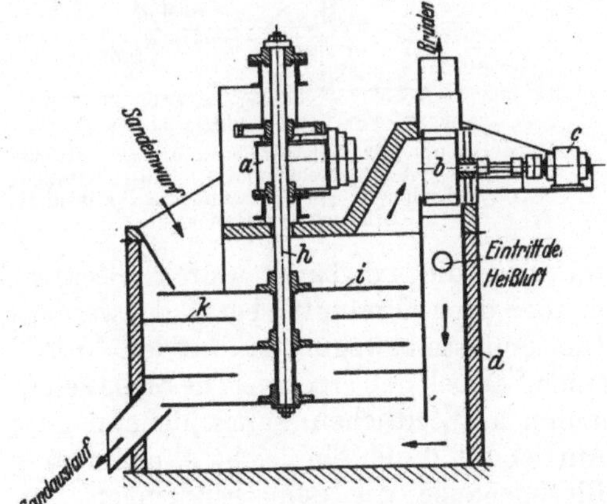

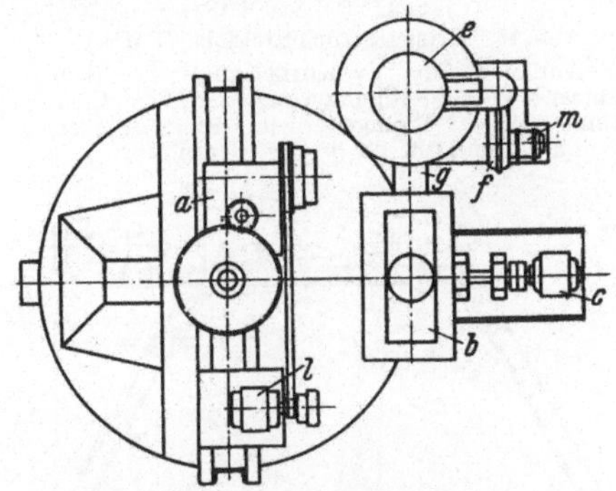

Abb. 14 u. 15. Tellertrockner. (Ausführung: Alfred Gutmann A.-G. Altona-Hamburg [Agag].)

a = Schneckengetriebe; b = Umluftventilator; c = Antriebsmotor für b (2 PS); d = Doppelmantel; e = Feuerung; f = Gebläse für Feuerung; g = Heißluftleitung; h = Achse der Drehteller i; i = Drehteller; k = feste Teller; l = Antriebsmotor für a (1,5 PS); m = Antriebsmotor für f (0,4 PS).

Der Tellertrockner Abb. 14 u. 15 hat dadurch eine geringere Höhe erhalten, daß die Feuerung neben den Schacht gesetzt wurde. Der durch den Sandeinwurf aufgegebene Sand fällt auf einen Drehteller und wandert in derselben Weise, wie oben beschrieben, durch den Ofen, um unten im getrockneten Zustande über eine Schurre auszutreten. Das Trocknen erfolgt dabei mittels Heißluft, die durch eine Koksfeuerung erzeugt wird. Die erforderliche Verbrennungsluft treibt ein Elektrogebläse durch die Feuerung, wodurch eine verhältnismäßig hohe Heizleistung auf kleinem Raum erzielt wird. Eine kurze, isolierte Rohrleitung führt die heißen Gase in einen besonderen Kanal des Tellertrockners. Durch ihn strömt die mittels eines Umlaufventilators in Pfeilrichtung in Bewegung gehaltene Heißluft dem Trockner unten zu. Die dauernde Luftbewegung ergibt günstige Wärmeübergangs- und Verdunstungswerte, so daß man mit kleineren Trocknungsflächen auskommt. Die Teller laufen in einem doppelwandigen Blechzylinder, dessen Hohlraum mit Wärmeschutzmasse ausgefüllt ist, um Verluste durch Strahlung zu vermeiden. Die Tellerdrehwelle wird von einem Elektromotor aus über Stufenscheiben, ein Globoid-Schneckengetriebe und ein Stirnräderpaar angetrieben.

D. Siebmaschinen und Eisenausscheider.

Die Zahl der in Gebrauch befindlichen Siebvorrichtungen ist so groß, daß es unmöglich ist, sie auch nur annähernd erschöpfend zu behandeln. Im wesentlichen handelt es sich dabei um zwei Gruppen: Schüttelsiebe und Drehsiebe, von denen verbreitetere Bauarten besprochen werden sollen.

10. Schüttelsiebe. Die kleineren Schüttelsiebe werden ortsfest und fahrbar angeordnet, je nachdem der Sand in einem bestimmten Raum oder an den verschiedenen Formplätzen abgesiebt werden soll. Die ortsfesten Siebe (Abb. 16) werden meist für Riemenantrieb eingerichtet,

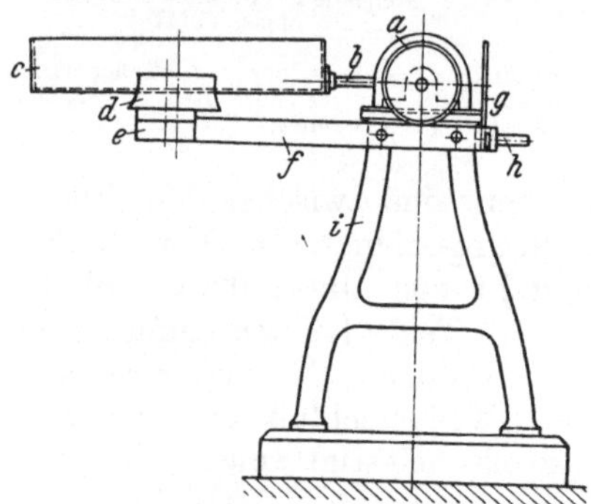

Abb. 16. Ortsfestes Schüttelsieb. (BMD.)
a = Kurbelantrieb; b = Kurbelstange; c = Siebrahmen; d = Befestigung von c an e; e = Gleitschuhe; f = Führungen; g = Riemenrücker; h = Handgriff für g; i = Gestellfüße.

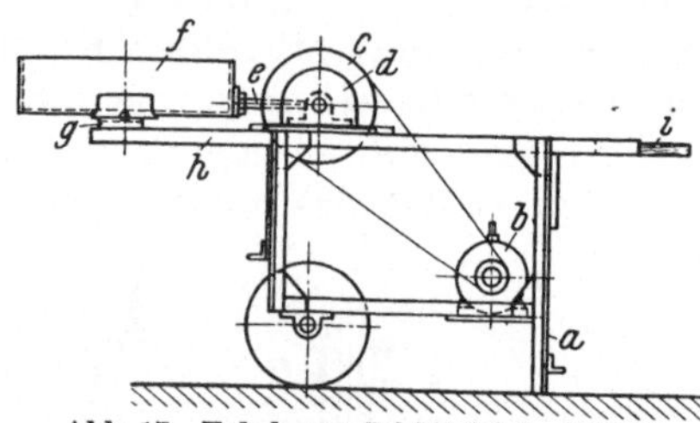

Abb. 17. Fahrbares Schüttelsieb. (BMD.)
a = Fahrgestell; b = Antriebsmotor; c = Antriebsscheibe; d = Kurbelantrieb; e = Kurbelstange; f = Siebrahmen; g = Gleitschuhe; h = Führungsschienen; i = Handgriffe.

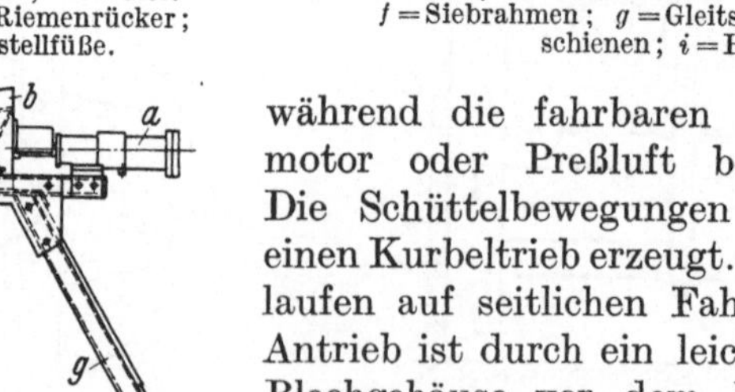

Abb. 18. Druckluft-Schüttelsieb. (BMD.)
a = Lufthammer; b = Siebrahmen; c = oberes Sieb; d = Gleitschuhe; e = unteres Sieb; f = hinteres Sieb; g = Gestellrahmen.

während die fahrbaren durch Elektromotor oder Preßluft betätigt werden. Die Schüttelbewegungen werden durch einen Kurbeltrieb erzeugt. Die Siebe selbst laufen auf seitlichen Fahrschienen. Der Antrieb ist durch ein leicht abnehmbares Blechgehäuse vor dem Eindringen von Sand geschützt. Die ortsbeweglichen Siebe (Abb. 17) unterscheiden sich von den festen nur dadurch, daß sie auf einen karrenartigen Unterbau gesetzt sind, der auch den Antriebsmotor trägt. Das gleichfalls ortsbewegliche Druckluftsieb Abb. 18 wird durch einen großen Drucklufthammer mit einem Betriebsdruck von $5 \cdots 7$ kg/cm² erschüttert, wobei es auf seitlichen Schienen gleitet. Die Siebe selbst sind, wie bei allen Siebmaschinen, auswechselbar. Die Maschenweite ist bei sämtlichen drei Ausführungen $5 \cdots 6$ mm.

Ein besserer Wirkungsgrad des Siebvorgangs wird durch das Schwingsieb Abb. 19 erzielt. Durch eine elektromotorisch mit 0,6 PS und 2800 U/min unmittelbar angetriebene Welle mit exzentrischen Gewichten erhält der auf Schraubenfedern ruhende Siebrahmen starke Beschleunigungen in senkrechter und waagerechter Richtung. Es wird hierdurch der Sand immer wieder hochgeschleudert, wobei sich die einzelnen Teilchen gleichzeitig wieder drehen. So erhält die gesamte Siebfläche immer neuen Sand zum Sortieren, wobei außerdem durch das Aufprallen lose zusammenbackende Sandknollen zertrümmert werden. Infolge der senk-

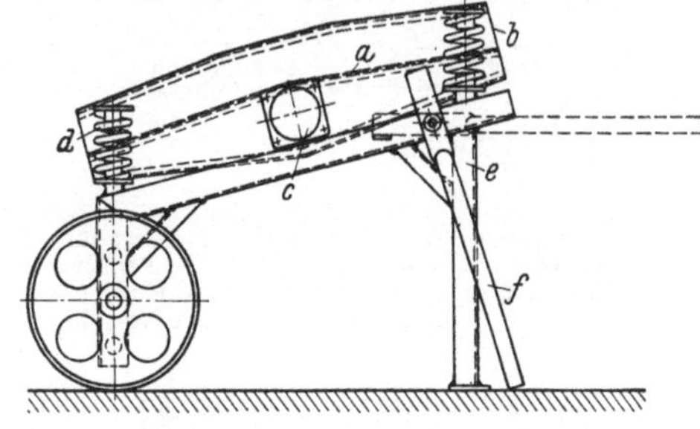

Abb. 19. Schwingsieb. (Agag.)

a = Sieb; b = Rahmen; c = Motoranschluß; d = Rahmentragfedern; e = Stützen; f = Fahrholme.

rechten Beschleunigungen wird das Siebgut sozusagen durch die Maschen hindurchgedrückt. Die Welle mit den exzentrischen Gewichten läuft in staubdichten Kugellagern. Während die Schwingungszahl der Schüttelsiebe mit Kurbelantrieb begrenzt ist, da sonst der Sand keine Zeit zum Durchfallen durch das Sieb findet, kann das Schwingsieb mit sehr hohen Schwingungszahlen arbeiten; das bedeutet hohe Leistung mit Bezug auf die Siebfläche.

Das Schüttelsieb mit Rücklaufrinne Abb. 20 dient namentlich zum Sieben von Altsand. Der schmiedeeiserne Siebrahmen wird durch Exzenterstangen auf gehärteten Stahlkugeln und gleichfalls gehärteten Stahlprismen hin- und herbewegt. Ein gußeisernes Rippengestell trägt Sieb- und Antriebsvorrichtung.

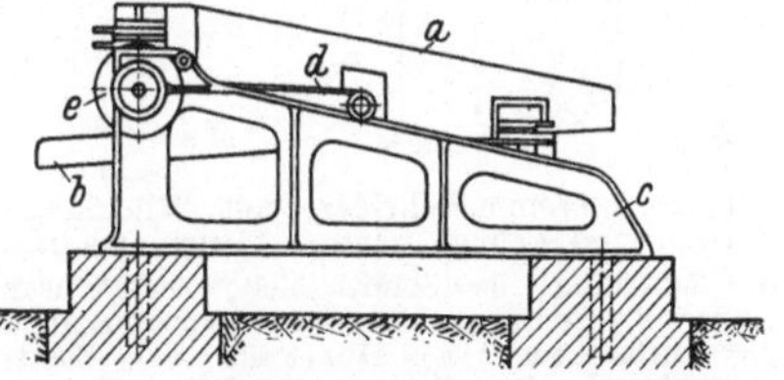

Abb. 20. Schüttelsieb mit Rücklaufrinne. (BMD.)

a = Schüttelsieb; b = Rücklaufrinne; c = Seitengestelle; d = Kurbelstange; e = Kurbelantrieb.

Der durchgesiebte Sand gelangt über die Rücklaufrinne in Sammelbehälter, Förderer oder unmittelbar in die Mischmaschinen, während die anderen Teile, wie Sandbrocken, Steine, Papier, Eisenstücke usw., auf der entgegengesetzten Seite vom Schüttelsieb herunterrutschen und gesammelt werden. Die Maschine wird zumeist durch Riemen angetrieben.

11. Magnetscheider. Im durchgesiebten Altsand finden sich häufig noch kleine Teile von Spritzeisen und Formerstiften. Sie werden entfernt durch Magnetscheider (Abb. 21), die für Gießereisand am besten mit feststehenden Elektromagneten ausgerüstet werden, da sie feste Zuleitungen haben ohne die gegen Staub empfindlichen Schleifbürsten. Meist werden sie als Trommelscheider gebaut, bei denen ein feststehender Magnetsektor von einer umlaufenden dünnwandigen,

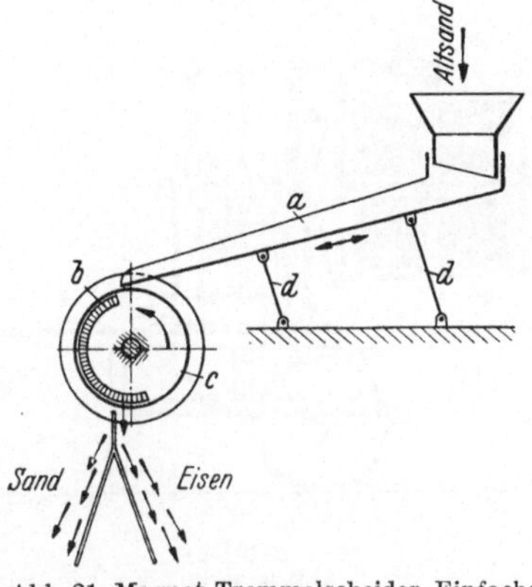

Abb. 21. Magnet-Trommelscheider. Einfache Bauart.

a = Schüttelrinne; b = Elektromagnet (fest); c = Hohlwalze; d = Lenker.

allseitig geschlossenen glatten Trommel aus Messing- oder Eisenblech umgeben ist. Der gesiebte Altsand wird der Hohlwalze durch eine Schüttelrinne oder ein anderes Fördermittel in nicht zu hoher Schicht zugeführt. Während der Sand über die Trommel läuft, bleiben die Eisenteile an ihrem Umfang so lange hängen, wie sie sich im Bereich des Elektromagneten befinden, um dann abzufallen.

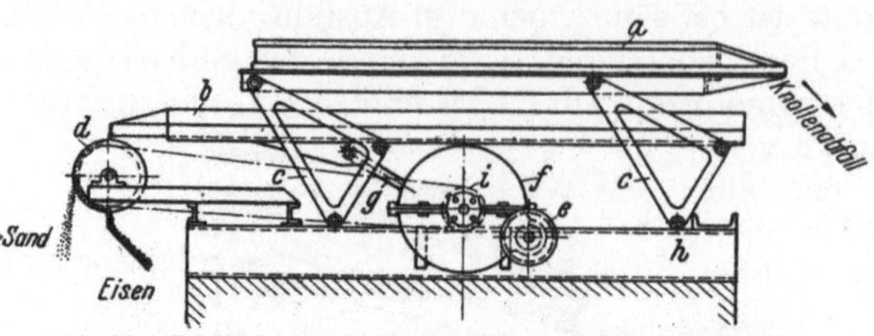

Abb. 22.   Schüttelsieb mit Rücklaufrinne und Magnetscheider.
(Ausführung; Graue G.m.b.H. Hannover-Wülfel [GHW.].)
a = Schüttelsieb; b = Rücklaufrinne; c = Lenker; d = Magnetwalze;
e = Antriebsmotor; f = Getriebe; g = Kurbelstange; h = Grund-
rahmen; i = Antrieb von d.

Ein Schüttelsieb mit Rücklaufrinne und anschließendem Magnetscheider (Abb. 22) wird durch Lenkerdreiecke getragen, die von einem Elektromotor mit Stirnräderübersetzung und Kurbelstange gleichzeitig bewegt werden. Die Magnettrommel wird von der Kurbelwelle aus durch einen Kettentrieb gedreht.

Der Trommelscheider Abb. 23, bei dem Grob- und Feinsand vom Eisen getrennt werden, erhält den Altsand in regelbaren Mengen zugeteilt. Der auf dem Schüttelsieb liegen bleibende grobe Sand fließt dem Scheitel der Magnettrommel zu, während der abgesiebte Feinsand über eine einstellbare Klappe seitlich an dem Trommelumfang durch die Rücklaufrinne geführt wird. Aus beiden Sandströmen zieht der feststehende Magnetsektor das Eisen heraus. So erfolgt eine Trennung in Grobgut, Eisen und Feinsand.

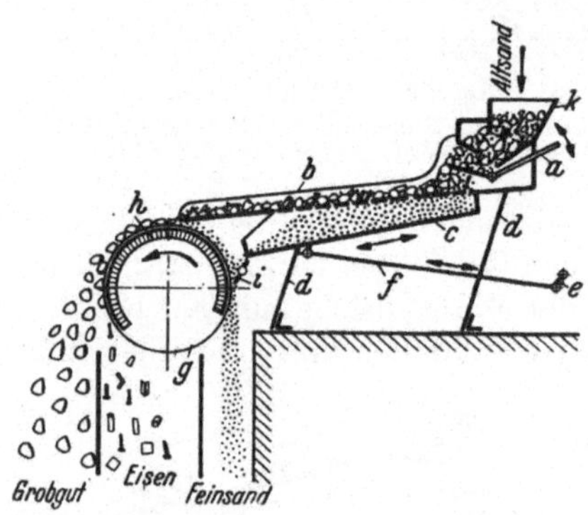

Abb. 23.   Trommelscheider, mit Scheidung in
Grob- und Feingut nach O. Ullrich, Leipzig.
a = Zuteilung; b = Schüttelsieb; c = Feinsand-
rinne; d = Schwingstützen; e = Exzenterantrieb;
f = Kurbelstange; g = Hohlwalze; h = Elektro-
magnet; i = Staublech; k = Einwurftrichter.

12. Die Dreh- oder Trommelsiebe haben je nach Verwendungszweck und Größe einen zylindrischen, kegeligen oder vieleckigen (Polygon-) Siebkörper. Das einfache Trommelsieb ist mit seinen beiden Rändern auf je 2 Tragrollen gelagert, von denen das eine Paar mit Riemenantrieb versehen ist. Die beiden Stirnseiten sind offen. Auf der einen wird der Sand eingeschaufelt, auf der anderen fällt der Siebrückstand heraus. Das kleine Polygonsieb Abb. 24 u. 25 ist einseitig gelagert. Auf seinen sechseckigen Stirn-

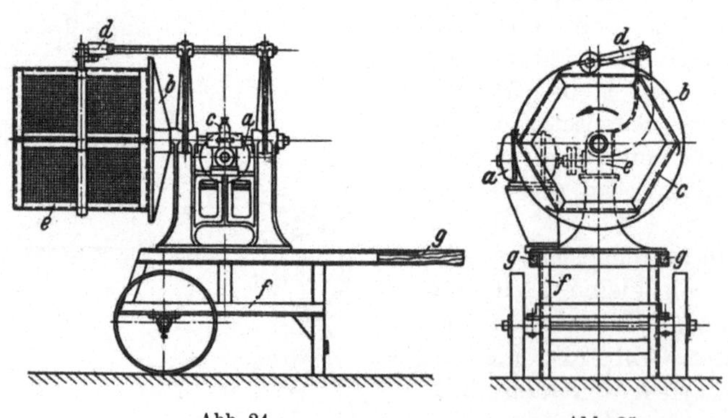

Abb. 24.   Abb. 25.
Abb. 24 u. 25.   Kleines Polygonsieb.   (BMD).
a = Antriebsmotor $^{1}/_{2}$ PS; b = Siebträger; c = Siebrahmen; d = Klopfwerk;
e = Schneckentrieb; f = fahrbares Untergestell; g = Handgriffe.

wänden sind die Siebrahmen mit Flügelmuttern befestigt, an der äußeren Stirnwand befindet sich eine kreisförmige Öffnung zum Einwerfen des Siebgutes.

Ein Klopfwerk sorgt dafür, daß die Siebmaschen sich nicht verstopfen. Solche Siebe werden meist mit Riemen angetrieben. Das große Polygonsieb Abb. 26 u. 27 ist ähnlich gebaut, besitzt aber einen Pyramidenstumpflängsschnitt und ist von einem kräftigen Blechgehäuse mit aufklappbarem Deckel umgeben. Es ist mit besonderem Ein- und Auslauf versehen und wird vorzugsweise in selbsttätige Aufbereitungsanlagen eingebaut.

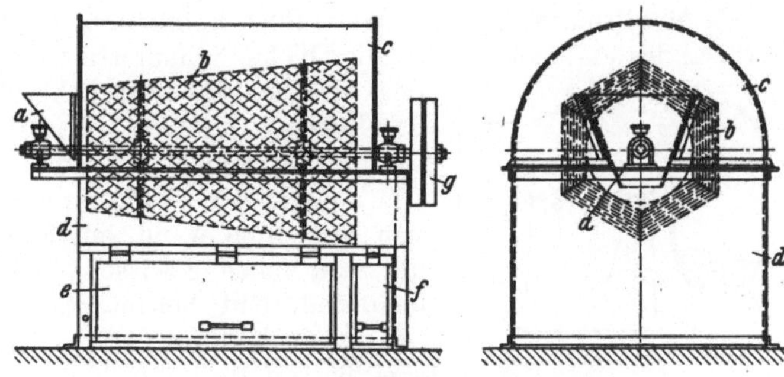

Abb. 26 u. 27. Großes Polygonsieb. (BMD.)

a = Einwurf; b = Sieb; c = Blechhaube; d = Blechkasten; e = Klappe für Siebgut; f = Klappe für Siebabfall; g = Antrieb.

E. Zerkleinerungsmaschinen.

13. Backenbrecher (Abb. 28) werden zweckmäßig zum Zerkleinern fester grober Stücke sandsteinartiger Beschaffenheit benutzt, wie sie sich bisweilen in Sandgruben finden und dem Neusand beigemischt sind. In einem kräftigen Gehäuse ist die eine Stahlgußbacke b, die mit Längsriefen versehen ist, befestigt. Die zweite Backe c gleicher Art ist gekrümmt und sitzt auf einer starken schwingenden Platte d, die durch das Exzenter l bewegt wird, während sie sich unten mit einer Zwischenstange gegen ein Druckstück f stützt, das in seiner Entfernung von d durch eine Schraubspindel g auf die Größe der zu zerkleinernden Stücke einstellbar ist. Sie ist außerdem unten gelenkig mit der federnden Stange h verbunden. Der Druck gegen die Backe c wird von dem Gehäuseteil i aufgenommen. Ein schweres Schwungrad k gleicht die starken Kraftstöße aus. Durch die schwingenden Bewegungen, die von der beweglichen Backe c infolge der eigenartigen Führung ihres unteren Teils hervorgerufen werden, tritt außer dem Zerkleinern des Brechgutes noch ein Zerreiben ein. So wird es für das anschließende Sieben gut vorbereitet.

14. Walzwerke (Abb. 29) dienen besonders dem Zerdrücken von Sandknollen in altem, gebrauchten Formsand. Sie bestehen aus zwei durch ein Kammräderpaar mittels Riemen angetriebenen gegenläufigen Walzen,

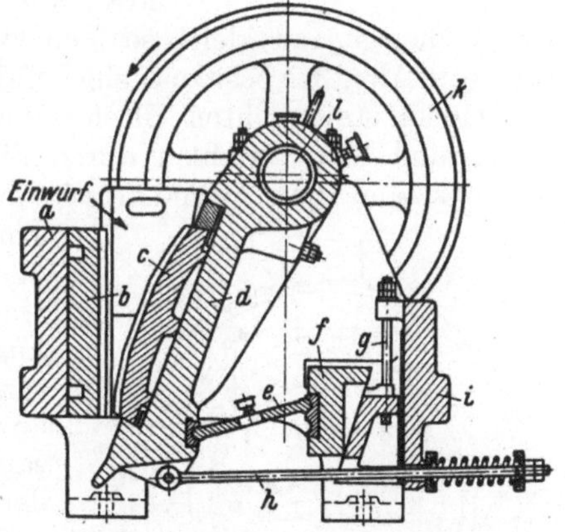

Abb. 28. Backenbrecher. (BMD.)

a = Gehäuse; b = Feste Stahlgußbacke; c = Bewegliche Stahlgußplatte; d = Schwingplatte; e = Schwingstück; f = Druckstück, einstellbar; g = Schraubspindel; h = Federnde Stange; i = Gehäuseteil; k = Schwungrad; l = Exzenterzapfen.

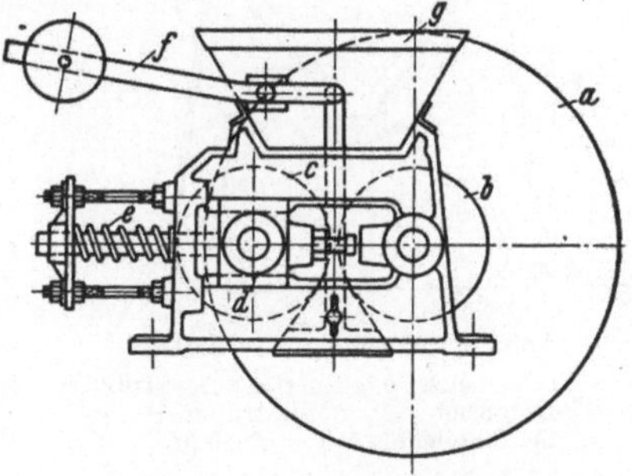

Abb. 29. Sandwalzwerk. (BMD.)

a = Antrieb; b = Feste Walze; c = Verschiebbare Walze; d = Verschiebbares Lager; e = Druckfeder für d; f = Gegengewichtshebelpaar; g = Einwurftrichter.

deren Entfernung voneinander durch Verstellen der Lager geändert werden kann.

Damit die mitunter im Sande befindlichen Eisenteile und andere harte Stücke durch die Maschine laufen können, ohne die Walzen zu beschädigen, ist die eine leicht verschiebbar angeordnet.

15. Mahltrommeln und Kugelmühlen können ebensogut zum Mahlen trocknen Formsandes als auch von Kohle, Koks, Schamotte usw. verwendet werden. Bei der älteren Bauart (Abb. 30) wird eine bestimmte Sandmenge durch die Kugeln gemahlen, bis der gewollte Zerkleinerungsgrad erreicht ist. Durch die Umdrehung der Blechtrommel werden die Stahlkugeln von der Innenwand ein Stück mit hochgenommen, um von einer gewissen Höhe aus auf das zu zerkleinernde Gut herunterzufallen. Um diese Wirkung zu erreichen, muß die Umdrehungszahl der Trommel eine bestimmte, vom Trommeldurchmesser und von der Kugelmasse abhängige Größe haben. Ist sie zu groß, so bleiben die Kugeln infolge der Zentrifugalkraft am Trommelmantel hängen und fallen nicht ab,

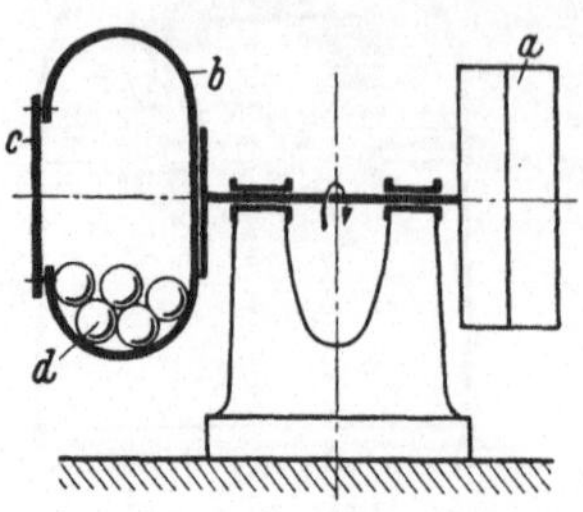

Abb. 30. Kugelmahltrommel.
a = Antrieb; b = Mahltrommel;
c = Deckel; d = Stahlkugeln.

ist sie dagegen zu klein, so bleiben sie auf dem Mahlgut liegen. Die Kugelmühlen Abb. 31 besitzen eine Mahltrommel mit selbsttätiger Absiebung, die von einem staubdichten Blechgehäuse umschlossen ist. Während der weniger harte Sand fein gemahlen durch die Siebe in das Staubgehäuse fällt, wird der Siebrückstand nach Umkehrung der Drehrichtung mit Hilfe von eingebauten Hubblechen und Schurren durch die hohle Hauptachse der Maschine selbsttätig ausgetragen. Der Mantelteil, auf dem die Stahlkugeln laufen, setzt sich aus 6 Segmenten zusammen, die etwas nach innen gekrümmt und aus rostartig angeordneten Stahlstäben zusammengesetzt sind. Durch das Abstürzen der Kugeln von einem Mantelsegment zum andern wird ihre Wirkung verstärkt. Das Mahlgut wird an der einen Stirnseite des Staubgehäuses über der Drehachse aufgegeben, während der Siebdurchfall durch den unteren trichterförmigen Teil herausfällt. Die Maschine kann auch mit einem Magnetscheider versehen werden.

16. Kollergänge sind die ältesten und am meisten verbreiteten Zerkleinerungsmaschinen. Sie bestehen im wesentlichen aus einem Teller, einem oder mehreren glatten oder gerillten Läufern, die an Schleppkurbeln drehbar befestigt sind und sich in ihrer Höhenlage der Stärke der Formsandschicht anpassen können, und einem Scharrwerk zum Zerteilen und Umschaufeln des Mischgutes. Entweder steht dabei der Mischteller fest und die Walzen mit Scharrwerk laufen im Kreise

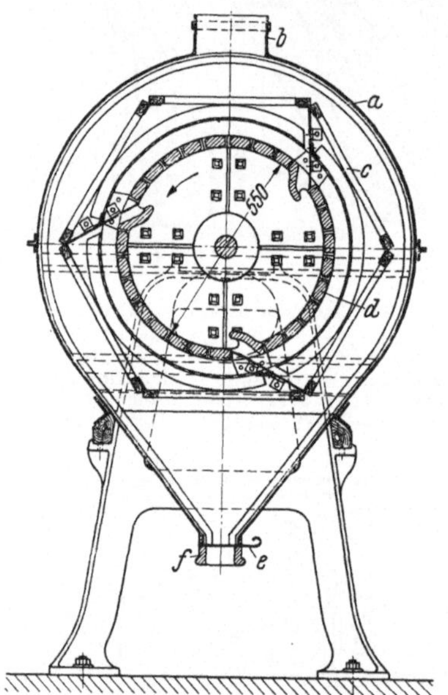

Abb. 31. Kugelmühle. (BMD.)
a = Blechgehäuse; b = Entstaubungsstutzen;
c = Polygonsieb; d = Mahltrommel; e =
Abzugschieber; f = Auslauf.

herum, oder der Mischteller dreht sich unter den Walzen und dem Scharrwerk, die dann ihre Lage nicht verändern (Abb. 32 u. 33). In beiden Fällen kann der Antrieb von oben oder von unten her erfolgen. Der Unterantrieb ist zwar etwas schwerer zugänglich, muß außerdem vor der Einwirkung des überfallenden Sandes geschützt werden, hat aber den großen Vorteil, daß der Raum über den Mischwerkzeugen vollkommen frei ist. Das ist besonders dann von Bedeutung, wenn zusätzliche Vorrichtungen wie z. B. besondere Siebe über dem Mischteller angebracht werden sollen. Die Läuferdurchmesser liegen zwischen 650 und 1250 mm bei 200···325 mm Breite, je nach Größe des Tellers, wobei zum Antrieb 1,5···6 PS nötig sind. Über 1250 mm sollte man mit dem Läuferdurchmesser nicht hinausgehen, da sonst leicht ein Totmahlen des trocknen Sandes zu Staub eintritt. Hierunter versteht man ein Zerquetschen der Quarzkörner zu Staub. Auch darf aus diesem Grunde die Sandschicht im Teller nicht zu niedrig sein. Zum Vermeiden

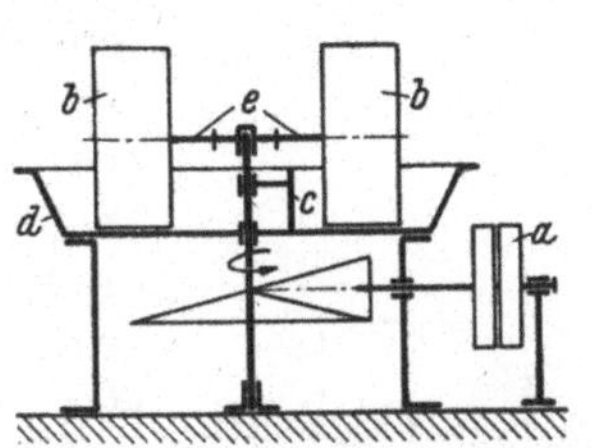

Abb. 32. Mit feststehendem Mischteller und Antrieb von unten. (Koller laufen um.)

a = Antrieb; b = Läufer; c = Kratzer; d = Teller; e = Schleppkurbeln.

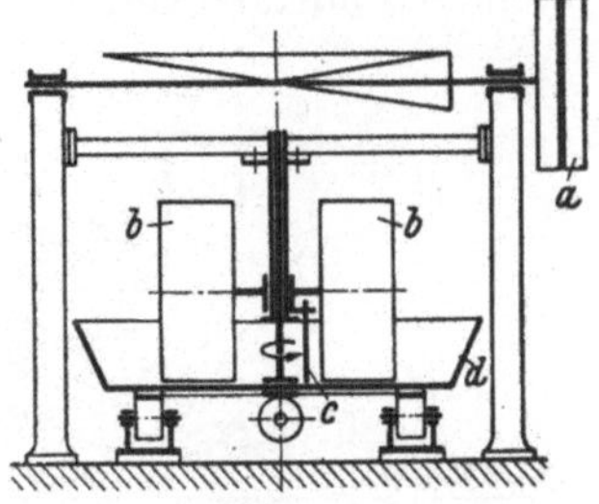

Abb. 33. Mit drehbarem Mischteller und Antrieb von oben. (Koller laufen auf der Stelle.)

a = Antrieb; b = Läufer; c = Kratzer; d = Teller.

Abb. 32 u. 33. Schema einfacher Kollergänge.

der Staubbelästigung werden die Kollergänge häufig mit einer Blechhaube versehen.

Um ein Totmahlen des Sandes unmöglich zu machen, baut man die Kollergänge am besten mit einem Polygonsieb zusammen (Abb. 34). Der Sand fällt durch eine an den Tellerboden anschließende Rutsche schräg nach unten in das neben dem Kollergang angeordnete schrägwandige Polygonsieb, das den genügend zerkleinerten Sand absiebt. Der Siebrückstand rutscht in den weiteren Teil des Siebes nach links, wird dort von Schaufeln mit hochgenommen und durch die schräge obere Rutsche wieder auf die Mahlbahn befördert. Man kann den Siebrückstand auch durch ein besonderes Becherwerk neben dem Kollergang wieder unter die Läufer schaffen lassen. Bei einer anderen Bauart ist ein besonderes Polygonsieb oben neben dem Mantelrand des Kollergangs vorgesehen, das den Feinsand absiebt, bevor er überhaupt in den Kollergang eintritt. Ein Becherwerk hebt den Formsand in das Sieb. Der aus dem Mahlteller ausgetragene Sand wird durch einen waagerechten Schneckenförderer gleichfalls in den Trog des Becherwerkes geschafft, das ihn zusammen mit dem ungemahlenen Sand in das Polygonsieb fördert. Der gesiebte Sand fällt in einen Behälter, aus dem er nach Bedarf abgezogen wird.

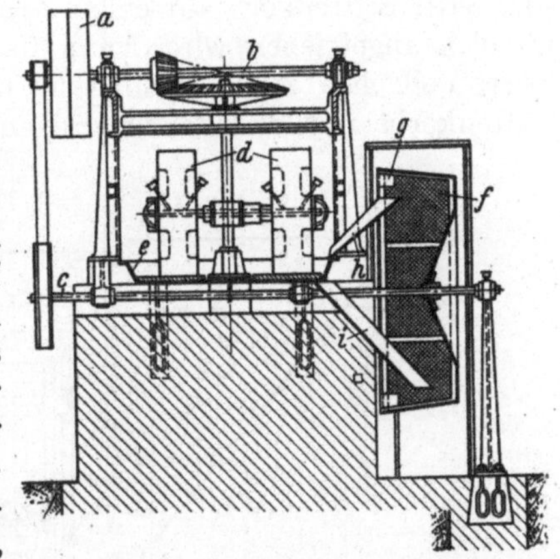

Abb. 34. Kollergang mit oberem Antrieb und mit angebautem Siebwerk. (BMD.)

a = Hauptantrieb; b = Kollerantrieb; c = Siebantrieb; d = Kollerwalzen; e = Schüssel; f = Polygonsieb; g = Schaufeln; h = Zulaufrinne; i = Auslaufrinne.

Auf die sog. Mischkollergänge und die Vereinigung von einfachen Kollergängen mit anderen Aufbereitungsmaschinen wird später (vgl. S. 27) eingegangen.

F. Sandmisch- und Auflockerungsmaschinen.

17. Stiftenschleudermaschinen zum Mischen und Durchlüften oder Auflockern des Sandes im feuchten Zustande, auch Schleudermühlen oder Desintegratoren genannt, sind wohl die am meisten verbreiteten Mischvorrichtungen, die auch in den kleinsten Gießereien anzutreffen sind. Man unterscheidet solche mit liegender und stehender Achse. Die Maschinen liegender Bauart werden am häufigsten verwendet und fast von allen Gießereimaschinenfirmen geliefert. Sie weichen nur in Einzelheiten voneinander ab, während ihre grundsätzliche Anordnung bei allen dieselbe ist (Abb. 35). Zwei oder bei größeren Ausführungen auch drei ringförmige Stiftenkörbe drehen sich in einem Blechgehäuse gegenläufig mit etwa 400 bis 600 U/min und werden von außen durch Riemscheiben jeder für sich angetrieben. Der Sand wird der Mitte der Körbe durch einen am Gehäuse befestigten Trichter mit Rutsche zugeführt und infolge der Zentrifugalkraft gegen die Stiftenkränze geschleudert. Zwischen ihnen wird er hin und her geworfen und unten aus dem Gehäuse herausgeschleudert. Während in diesem

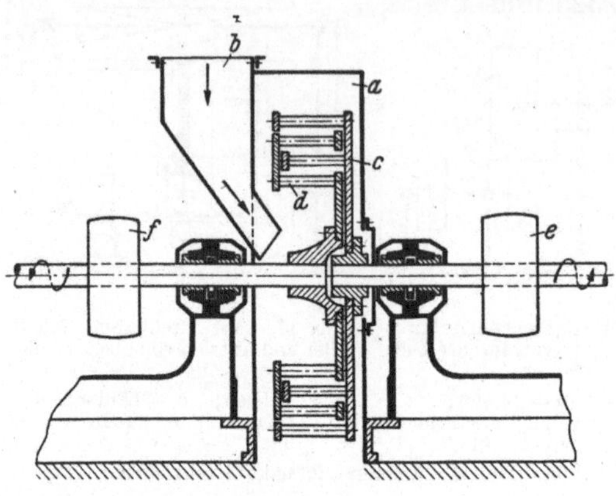

Abb. 35. Liegende Sandschleudermühle. (BMD.) (Schema.)
a = Gehäuse; b = Einwurf; c = Äußerer Stiftenkorb; d = Innerer Stiftenkorb; e = Antrieb von c; f = Antrieb von d.

Fall jeder Stiftenkorb auf einem Wellenstumpf sitzt und von einer Riemscheibe für sich angetrieben wird, kann das Laufwerk auch aus einer Hohlachse und einer Vollachse mit Kugellagern bestehen (Abb. 36), auf denen die beiden Stiftenkörbe mit den dazugehörigen Antriebsscheiben sitzen. Auf diese Weise

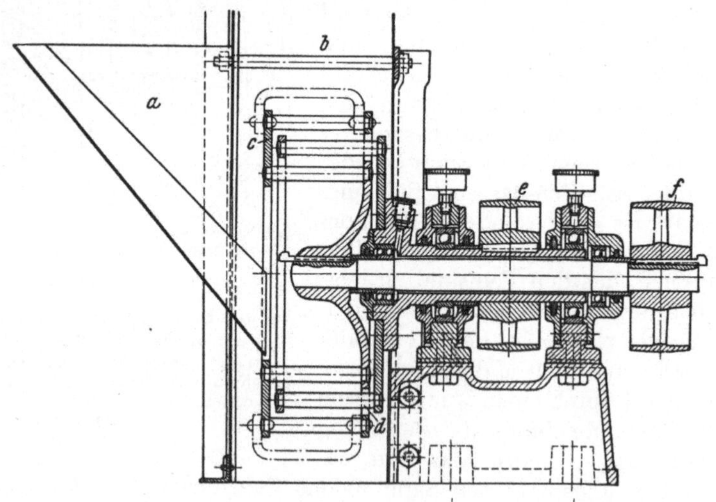

Abb. 36. Stiftenschleudermaschine mit einseitigem Antrieb. (BMD.)
a = Einfülltrichter; b = Gehäuse; c = 1. Stiftenkorb; d = 2. Stiftenkorb; e = Antrieb von d; f = Antrieb von c.

kann man beide Scheiben auf einer Seite des Schutzgehäuses dem Einwurf gegenüber anbringen, was mit Rücksicht auf ungestörte Bedienung seine Vorzüge hat. Es muß bei allen Stiftenschleudern dafür gesorgt werden, daß sich der aus den kreisenden Stiftenringen herausgeschleuderte Sand nicht am inneren

Haubenumfang festsetzen und so eine immer dicker werdende Schicht bilden kann, die schließlich dazu führt, daß der äußerste Stiftenkranz fest gebremst wird. Bei der beschriebenen Bauart ist das Gehäuse zu diesem Zweck mit einem elastischen Band umgeben, bei anderen ist eine besondere Klopfvorrichtung vorgesehen oder die Haube ist um einen kleinen Winkel um die Antriebswelle drehbar gemacht, so daß sie während des Betriebes etwas hin- und herschwingt und mit ihrem unteren Rand auf Stoßflächen schlägt. Dadurch wird das Haubenblech erschüttert und der etwa abgesetzte Sand fällt ab. Der Sand wird beim Durchgang durch die konzentrischen Stiftenkörbe von jeder Stiftenreihe getroffen, durch den gleichzeitigen Richtungswechsel fein verteilt und mit Luft durchsetzt. Er fällt als feiner flockiger Formsand aus der Maschine heraus.

Die stehende Stiftenschleuder Abb. 37 eignet sich besonders zur Aufbereitung sehr feuchten, fetten und groben Sandes. Das Getriebe sitzt in einer Kammer, die durch Rippen mit dem Einlauftrichter q verbunden ist. Der oben aufgegebene Sand fällt auf die gekrümmte Scheibe o, die zugleich den oberen Stiftenkorb trägt. Infolge der Zentrifugalkraft wird er durch die vier Stiftenkränze, die zu je zwei gegenläufig umlaufen, gegen das Gehäuse r geschleudert, prallt dort auf und wird unten aus der Maschine herausgeworfen. Die Güte des durchgeschleuderten Sandes ist dieselbe wie bei der Maschine mit waagerechter Achse. Die stehenden Maschinen

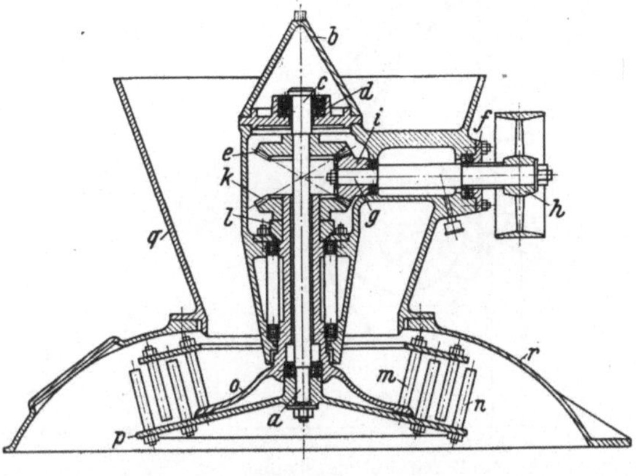

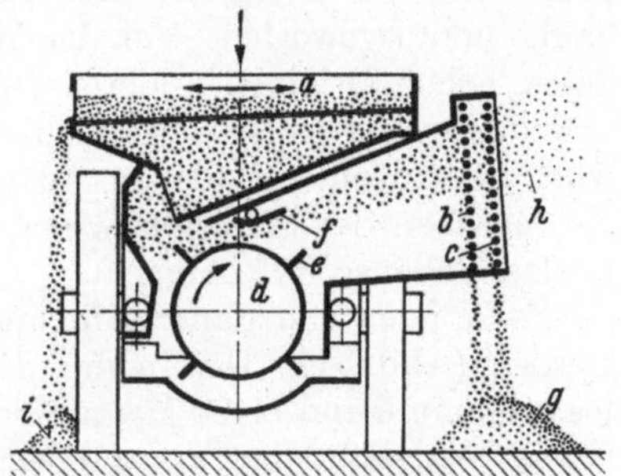

Abb. 37. Stehende Sandschleudermühle. (G.H.W.)

a = Hauptwelle; b = Schutzhaube; c = Oberer Wellenzapfen; d = Kugeldrucklager; e = Kegelrad zum Vollwellenantrieb; f = Abdichtungsscheibe; g = Antriebswelle; h = Antriebsriemenscheibe; i = Antriebskegelrad; k = Kegelrad zum Hohlwellenantrieb; l = Stützlager der Hohlwelle; m = Oberer Stiftenkorb; n = Unterer Stiftenkorb; o = Tragscheibe für Stiftenkorb m; p = Tragscheibe für Stiftenkorb n; q = Einlauftrichter; r = Korbgehäuse.

eignen sich besonders auch für den Einbau in große, selbsttätig arbeitende Zentralsandaufbereitungsanlagen.

18. Sandwölfe. Durch die scheuernde Wirkung des zwischen den Stiften hindurchfließenden Sandes tritt eine starke Abnutzung der Stiftenkörbe ein, die zu häufigen Ausbesserungen oder Ersatz der Körbe führt. In den letzten 15 Jahren haben sich daher die Sandwölfe sehr verbreitet, bei denen die Stiftenringe durch Trommeln mit Schlagleisten ersetzt wurden (Abb. 38). Der aufzubereitende Modell-, Füll- oder Einheitssand wird oben auf ein Schüttelsieb a aufgegeben und fällt der mit hoher Drehzahl umlaufenden Trommel d zu, deren Schlagleisten e den Sand unter einer einstellbaren Stauklappe f hindurch zwei Auswurfsieben b und c zuschleudern. Hier erfahren die austretenden Sandkörner eine nochmalige Siebung. Der feine Fertigsand h verläßt in ununterbrochenem Strom das Feinsieb mit hoher

Abb. 38. Schema des Sandwolfs. (Ausführung: Vogel&Schemmann A.-G., Kabel-Hagen [V.S.K.].)

a = Aufgabesieb; b und c = Auswurfsiebe; d = Schleudertrommel; e = Schlagleisten; f = Stauklappe; g = Grober Sand; h = Feiner Sand; i = Siebrückstand.

Geschwindigkeit. Diese Sandwölfe sind, soweit sie nicht in Zentralaufbereitungen eingebaut werden, fahrbar, um ihre Verwendung unmittelbar an den Formplätzen zu ermöglichen. Es ist ein etwa 3-PS-Antriebsmotor mit 1400···1500 U/min erforderlich, der in das Untergestell eingebaut wird. Das Aufgabesieb liegt je nach Bauart 750···1050 mm über Flur. Auch diese Maschinen werden von den Gießereimaschinenfirmen in verschiedensten Ausführungen hergestellt, ohne daß sich an ihrer grundsätzlichen Arbeitsweise etwas ändert.

Der Sandwolf Abb. 39 ist mit einer **Führungshaube** *a* versehen, die unter Ausnutzung der Beschleunigung des durch das vorgehängte Sieb *b* herausgeschleu-derten Sandstroms *c* ein Hochwerfen in Behälter ermöglicht. Das Einwurfsieb *d* ist schräggestellt, der vor dem Sieb *b* ausgeschiedene Grobsand *e* fällt über die Rutsche *f* nach unten aus der Maschine heraus.

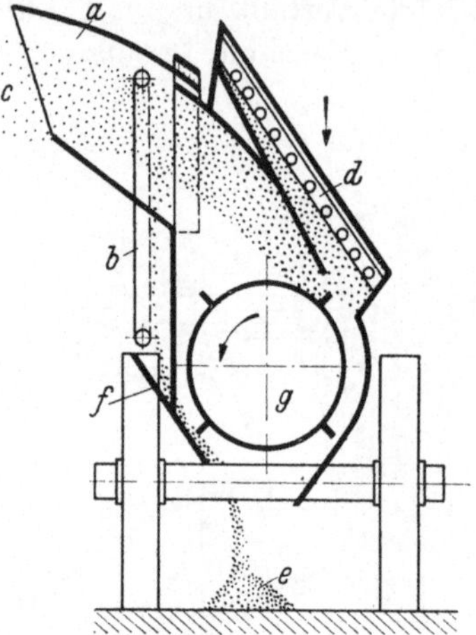

Abb. 39. Sandwolf mit Führungshaube.
a = Führungshaube;   *b* = Sieb;   *c* = Fertigsand; *d* = Einwurfsieb; *e* = Grobsand;   *f* = Rutsche;   *g* = Schleudertrommel.

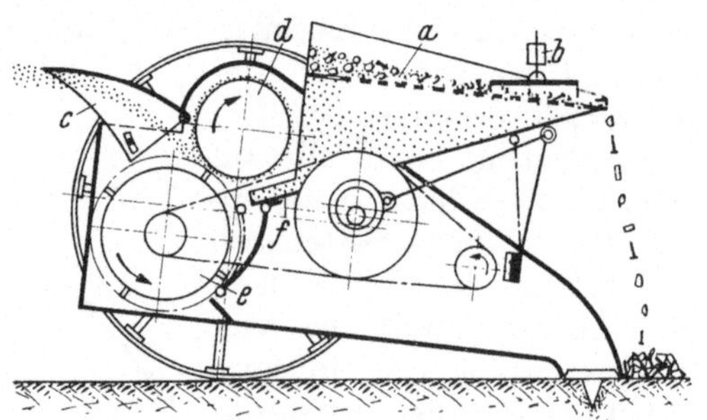

Abb. 40. Fahrbarer Sandwolf. (BMD.)
a = Schüttelsieb;   *b* = Knollenzerkleinerer;   *c* = Auswurfhaube; *d* = Stauwalze;   *e* = Schleuderwalze;   *f* = Sandeinlauf.

Bei dem Sandwolf kann ein stetiges Zuströmen des vom Schüttelsieb *a*, das hier mit einem Knollenzerkleinerer *b* versehen ist, durchgesiebten Sandes auf die Schleuderwalze *e* erreicht werden (Abb. 40), wenn man den Sandeinlauf *f* nach oben durch eine schnellumlaufende Stauwalze *d* abschließt. Sie bringt jedes Sandkorn mit Sicherheit vor die Schlagleisten und vermeidet eine stoßweise Belastung der letzteren. Da jede Leiste nur eine kleine Sandmenge zu zerreißen braucht, wird eine gute Auflockerung des Sandes erzielt, ohne daß ein Sieb hinter der Schleuderwalze nötig ist. Der Fertigsand wird durch die einstellbare Auswurfhaube herausgeworfen. Vor der Maschine selbst bleibt kein Sand liegen, sie kann daher leicht an einen anderen Platz gefahren werden. Nur, wenn Füllsand geschleudert werden soll, empfiehlt es sich, ein weitmaschiges Sieb vor den Auswurf zu hängen, um die im Altsand vorhandenen Formerstifte, die meist durch die Maschen des Schüttelsiebes *a* fallen, zurückzuhalten. Der Antriebsmotor ist in das Gehäuse mit eingebaut.

Es können die Sandwölfe auch mit einem **Eisenausscheider** verbunden werden (Abb. 41). Der in den Einwurf aufgegebene Sand wird durch ein endloses Gummiband einer Magnettrommel zugeführt. Das dort vorhandene magnetische Feld läßt die im Sand befindlichen Eisenteile am Band haften, während der Sand selbst heruntergleitet. An der Stelle, wo das Band den Trommelumfang verläßt, fallen auch die Eisenteilchen ab und werden über eine Schurre seitlich aus der Maschine herausbefördert. Der eisenfreie Sand fällt zwischen eine Anzahl Schleuderflügel, die hier an die Stelle der Schlagleisten getreten sind. Sie laufen mit hoher Geschwindigkeit um und werfen den Sand durch ein Sieb nach außen. Die Flügelflächen sind gegeneinander geneigt, so daß neben dem Schleudern noch zusätzliches Mischen des Sandes eintritt. Die durch den Schlag der auftreffenden Schleuderflügel nicht zerkleinerten Knollen werden vom Auswurfsieb zurückgehalten und sammeln sich am Boden an.

Der Sandwolf Abb. 42 ist besonders zu dem Zweck gebaut, den Fertigsand aus der Maschine

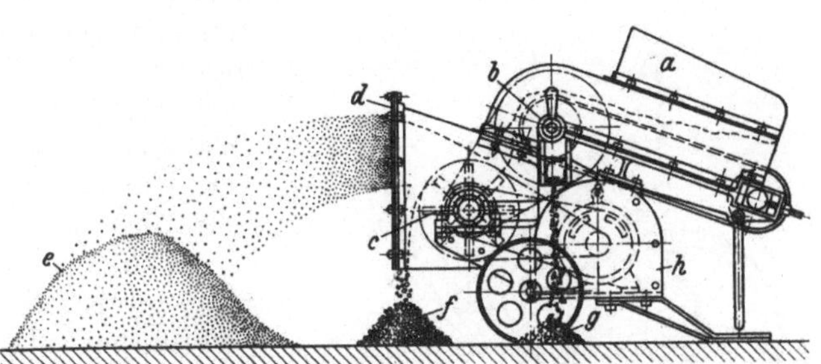

Abb. 41. Sandwolf mit Magnetscheider. (Agag.)
a = Einwurf; b = Magnetwalze; c = Schleuderrad; d = Sieb; e = Fertigsand; f = Knollen; g = Eisen; h = Antriebsmotor.

unmittelbar in die Sandbehälter zu schleudern. Er durchmischt und schleudert den Sand durch breite, leicht auswechselbare Stahlmesser, die ihn dabei gegen einen gleichfalls auswechselbaren Schleifring werfen, zerteilen und auflockern. Die Messerscheibe sitzt auf der mit dem Elektromotor gekuppelten

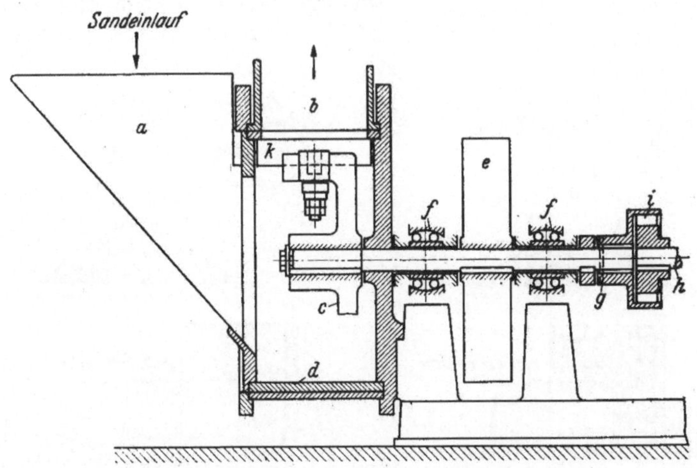

Abb. 42. Sandwolf zum Hochschleudern des Fertigsandes. (Ausführung: O. Ullrich, Leipzig [O.U.L.].)
a = Sandeinwurf; b = Auswurfrohr; c = Messerscheibe; d = Schleifring; e = Schwungrad; f = Pendellager; g = Sicherheitsbolzen; h = Motorwelle; i = Elastische Isolierkupplung; k = Leicht auswechselbare Messer.

Welle, die zum Ausgleich der Stöße ein schweres Schwungrad trägt. Aus einem vorgeschalteten Schüttelsieb gelangt der Sand durch den Einlauftrichter in das Schleudergehäuse. Dort erfassen ihn die Messer und treiben ihn infolge der ihm erteilten Zentrifugalbeschleunigung an die Schleifringfläche, führen ihn weiter und schleudern ihn durch die Austrittsöffnung im Schleifring in das anschließende Auswurfrohr. Im allgemeinen wird diese Sandwolfbauart in fahrbarer Ausführung dann verwendet, wenn an verschiedenen Stellen der Gießerei Sandbehälter zu füllen sind, aus denen der Sand den Formmaschinen zugeleitet wird.

Eine einfache Sandwolfbauart ergibt sich, wenn die Schleuderachse schräg gestellt wird (Abb. 43). Die auf der Achse eines Flanschmotors s befestigte

Schwungscheibe b trägt die Schleuderscheibe d mit den Schleudermessern c. Sie mischen, zerteilen und lockern den Sand in ähnlicher Weise wie bei der vorigen Bauart und werfen den Fertigsand durch einen Auswurfkrümmer m mit verstellbarer Haube g entweder hoch in den Sandbehälter oder auf den Formplatz. Die Beschickung erfolgt über den Aufgaberost a.

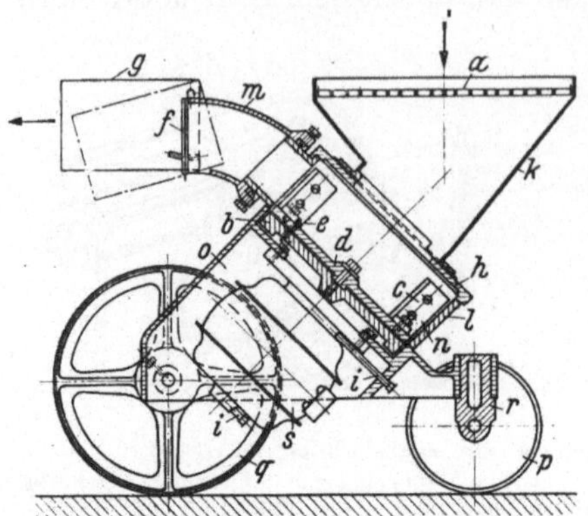

Abb. 43. Sandwolf mit Schleuderteller. (Ausführung: A. Lentz & Co., Düsseldorf [A.L.D.].)

a = Aufgaberost; b = Schwungscheibe; c = Schleudermesser; d = Messerscheibe; e = Sicherungsabscherstift; f = Siebrost; g = Verstellbare Haube; h = Aufklappbarer Deckel; i = Staufferbüchsen; k = Aufgabe-Trichter; l = Schleuder-Gehäuse; m = Auswurf-Krümmer; n = Messerwinkel; o = Hauptkörper; p = Vorderräder; q = Hinterräder; r = Vorderrad-Drehlager; s = Flanschmotor.

19. Krümelgefüge des Sandes (Abb. 44) muß zur Erzielung glatter, sauberer Gußoberflächen unbedingt vermieden werden. Es tritt leicht ein, wenn der Sand nur gesiebt wird. Es empfiehlt sich daher auf alle Fälle, ihn nach dem Sieben zu schleudern, um einen feinkörnigen Modellsand zu sichern, der gut aufgeschlossen ist. Während, wie aus dem Schaubild Abb. 45 ersichtlich, geschleuderter Sand sein Einheitsgewicht δ beibehält, dessen Größe u. a. vom Feuchtigkeitsgehalt φ abhängt, steigt es beim Sieben mit zunehmender Zahl der Siebstöße nicht unerheb-

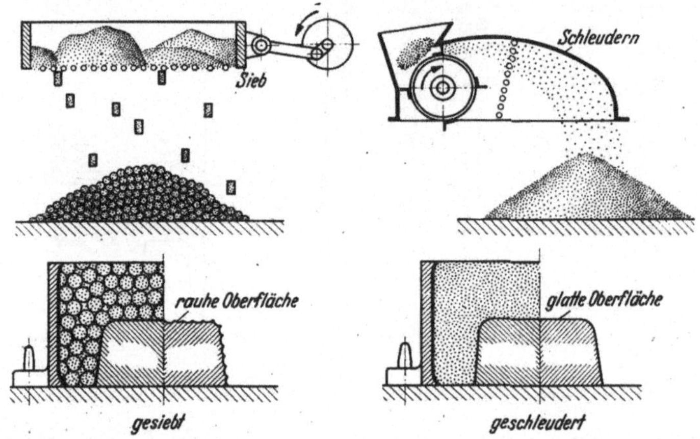

Abb. 44. Entstehung, Bedeutung und Vermeidung des Krümelgefüges beim Formsand.

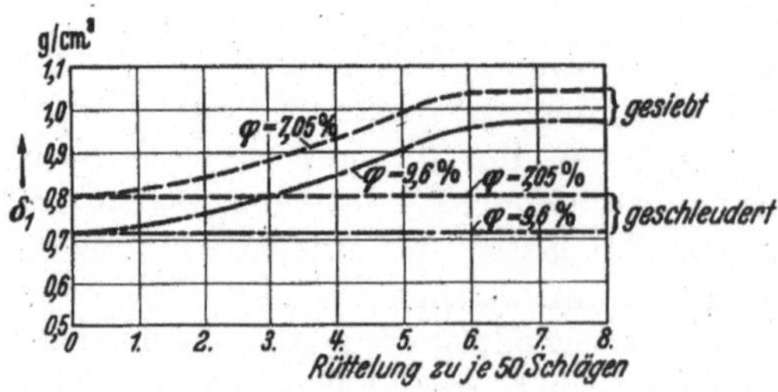

Abb. 45. Folgen des Krümelgefüges beim Formsand. (vgl. Abb. 44).

lich bis zu einem Höchstwert, der dann beibehalten wird. Bei gleichem Ausgangsgewicht $\delta = 0,8$ g/cm² und Feuchtigkeitsgrad $\varphi = 7,05\%$ weist der gesiebte Sand nach 300 Rüttelstößen bereits ein Einheitsgewicht $\delta \approx 1,03$ g/cm² auf, während es sich beim geschleuderten Sand nicht ändert, ein Zeichen dafür, daß das Sieben eine gewisse Verdichtung durch die Krümelbildung hervorruft. Das ist vielleicht bei Großguß weniger von Bedeutung, kann dagegen bei Mittel- und Kleinguß verhängnisvoll werden.

20. Der Modellsandaufbereiter Abb. 46 u. 47 weicht von den bisherigen Bauarten ab. Auf der verlängerten Welle des Antriebsmotors ist eine doppelwandige Schleuderscheibe *a* aus Stahlguß fliegend gelagert, die sich mit 3000 U/min dreht. Zwischen ihren beiden Wänden sind auswechselbare Stahlbacken *c* mit besonders gestalteten Gleitflächen *d* befestigt. Der in den Aufgabetrichter *e* eingebrachte Sand fällt durch ein Sieb *f* in den Bereich dieser Stahlbacken *c*. Sie erfassen ihn, um ihn mit hoher Geschwindigkeit gegen einen Prallring *b* zu schleudern. Das Auftreffen auf die Gleitflächen *c* der Backen *d* in Verbindung mit dem Aufprallen der stark beschleunigten Sandmassen auf den Ring *b* bewirkt ein gutes Zertrennen, Mischen und Durchlüften, zumal der Sand zwischen Prallring *b* und Schleuderscheibe *a* zusätzliche wirbelartige Bewegungen ausführt. Der Fertig-

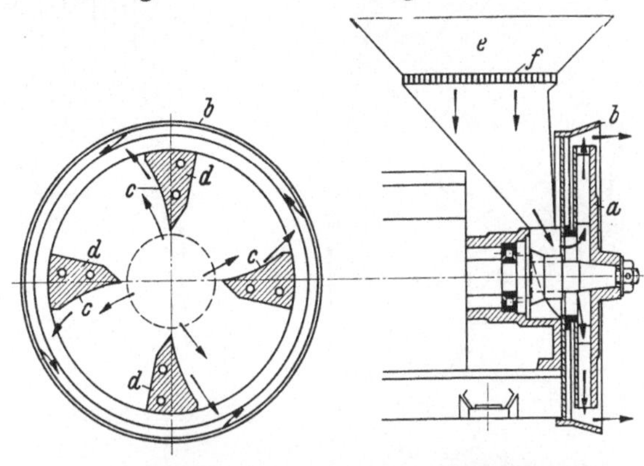

Abb. 47.   Abb. 46.

Abb. 46 und 47. Wirkungsweise der Modellsandaufbereitungsmaschine. (Ausführung: H. Herring, Schwelm i. W.)

a = Stahlguß-Scheibe;   *b* = Stahlring;   *c* = Gleitfläche;   *d* = auswechselbare Backen;   *e* = Einfülltrichter;   *f* = Rost.

sand wird in einen vorgebauten Behälter geschleudert. Alt-Neusand und Kohlenstaub werden vor Einfüllen in den Aufgabetrichter oberflächlich durcheinander geschaufelt und nötigenfalls angefeuchtet. Bei der sehr hohen Umfangsgeschwindigkeit der Schleuderscheibe soll ein Absetzen und Verkrusten von Sandteilen an den Schleuderbacken, was zu einem allmählichen Verstopfen der Maschine führen müßte, nicht eintreten.

21. Die Bandschleuderer, auch Sandkämmer genannt, sind neben Stiftenschleudern und Sandwölfen besonders für die Füllsandaufbereitung in die Gießereien eingeführt worden. Sie kamen vor etwa 15 Jahren aus den USA. unter der Bezeichnung „Royer" herüber und sind besonders dort am Platze, wo es sich um Bewältigen großer Sandmengen in kurzer Zeit handelt. Ihre grundsätzliche Wirkungsweise und Aufbau zeigt das schematische Bild Abb. 48. Von dem Elektromotor *a* aus wird ein endloses Kratzenband *b*, das schräg nach oben über zwei Walzen *c* gespannt ist, mit großer Geschwindigkeit angetrieben. Der in den Aufgabebehälter *d* geschaufelte Altsand wird von dem Kratzenband *b* mit nach oben gerissen und zerschlagen. Kurz vor seinem Austritt läuft er gegen federnd aufgehängte schmale Stahlbandfinger *e*, die im Sand vorhandene Eisenteile, Knollen, Steine und sonstige gröbere Fremdkörper zurückschleudern. Vor den Sandaustritt wird oft noch ein Sieb gehängt. Auch der Einwurf ist meist durch ein Sieb abgedeckt. Die Wurfweite dieser Bandschleuder ist

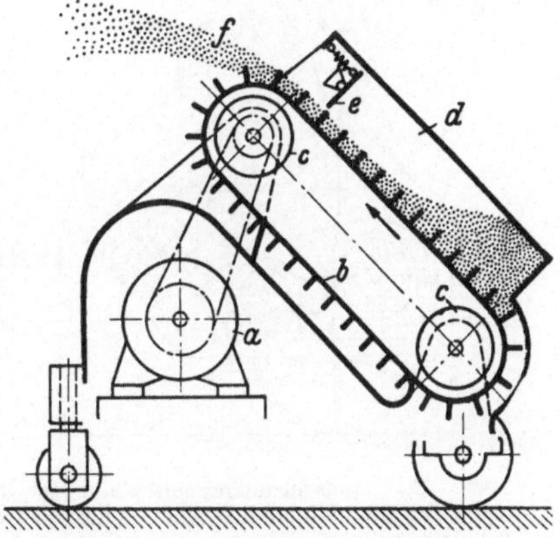

Abb. 48.   Schema des Bandschleuderers.

a = Elektromotor;   *b* = Kratzenband;   *c* = Walzen;   *d* = Aufgabebehälter;   *e* = Stahlfinger;   *f* = Fertigsand.

sehr groß. Große Ausführungen dieser Maschinen werden ortsfest angeordnet, auch ist ihre Vereinigung mit Magnetausscheidern ohne Schwierigkeit möglich.

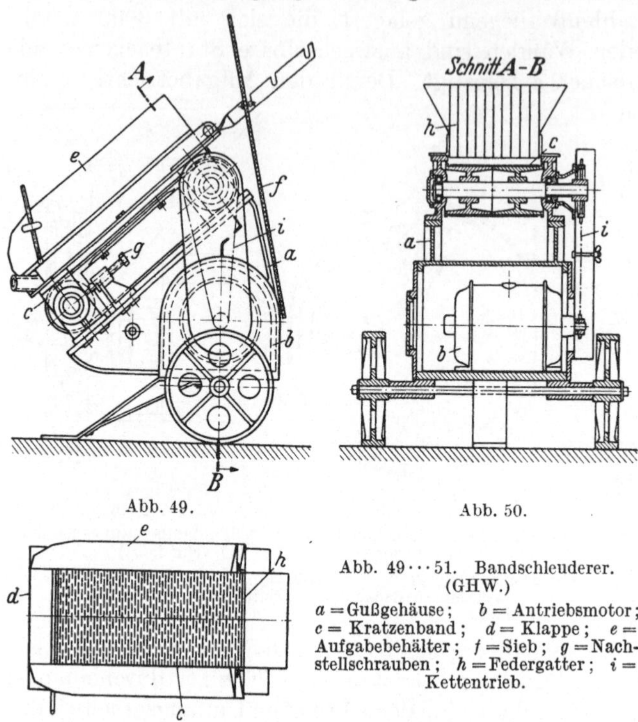

Abb. 49.

Abb. 50.

Abb. 51.

Abb. 49···51. Bandschleuderer. (GHW.)

a = Gußgehäuse; b = Antriebsmotor; c = Kratzenband; d = Klappe; e = Aufgabebehälter; f = Sieb; g = Nachstellschrauben; h = Federgatter; i = Kettentrieb.

Ein Beispiel des konstruktiven Aufbaues einer solchen Maschine (Abb. 49···51) läßt ihre geschlossene Bauart erkennen, wie sie überhaupt für Gießereimaschinen mit Rücksicht auf die Umgebung, in der sie arbeiten müssen, verlangt werden muß. Ihre Arbeitsweise dürfte nach dem vorher Gesagten ohne weiteres verständlich sein. Um die an der tiefsten Stelle des Aufgabebehälters e sich ansammelnden Knollen und Fremdkörper von Zeit zu Zeit entfernen zu können, ist hier eine Klappe d vorgesehen. Wird sie umgelegt, so fallen diese groben Teile nach hinten aus dem Behälter e heraus.

Seit kurzem ist ein mit Eisenausscheider vereinigter Bandschleuderer herausgekommen, bei dem der Magnet unmittelbar hinter den Auswurf gesetzt ist (Abb. 52). Aus dem unter dem starken feststehenden Elektromagneten hindurchströmende Sandstrahl werden die noch in ihm enthaltenen Formstifte und Spritzeisenteile herausgezogen. Von Zeit zu Zeit wird der Magnetstrom ausgeschaltet und das am Pol angesammelte Eisen fällt in einen sonst durch einen Deckel verschlossenen, unten vor dem Maschinengehäuse befestigten Blechkasten i. Eine einstellbare Haube regelt die Wurfweite. Im rings geschlossenen Gestell ist ein 3-PS-Elektromotor untergebracht, der zugleich auch den Generator für den Magnetstrom antreibt. Der Aufgabebehälter ist unten durch eine Stauklappeabgeschlossen, die das Herausfallen grober Knollen verhindern soll, die

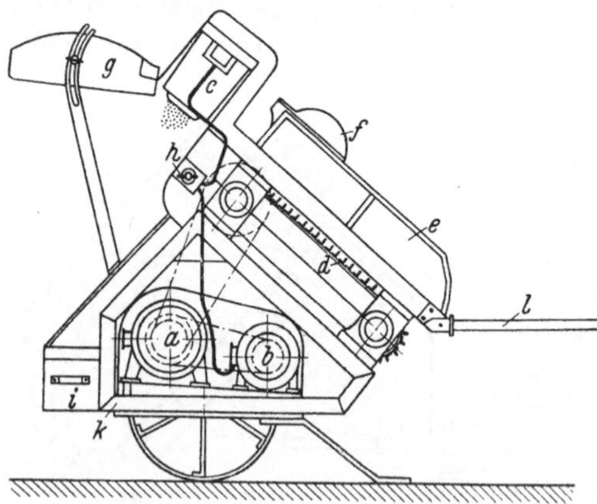

Abb. 52. Bandschleuderer mit Magnetscheider, (Ausführung: Müller & Wagner, Laasphe/Lahn).

a = Antriebsmotor; b = Gleichstromgenerator; c = Elektromagnet; d = Wurfband; e = Aufgebebehälter; f = Schutzhaube; g = Sandhaube; h = Schalter; i = Sammelkasten für Eisen; k = Formeisengestell; l = Fahrholme.

immer wieder gegen die Finger geschleudert werden, bis auch sie größtenteils zerkleinert sind. Sollten durch Zufall gelegentlich größere Eisenstücke, beispielsweise Trichter, mit in den Aufgabebehälter hineingeraten sein, so zieht man die Stauklappe hoch und läßt sie nach unten herausrutschen. Der obere Teil des Wurfbandes ist von einer Schutzhaube überdeckt, um ein Herausfliegen von Teilen zu verhüten. Die Finger sind im Kammkasten verstellbar, so daß man den Spalt zwischen ihnen und den Leisten des Bandes regeln kann. Je schmaler dieser Spalt ist, um so feiner wird der Fertigsand. Ein Sieb vor dem Sandaustritt ist hier nicht erforderlich. Die größte Wurfweite ist etwa 5 m, sie kann durch entsprechendes Einstellen der Haube bis auf 1 m verringert werden. Die Maschine arbeitet in der Stunde etwa 7 m³ Formsand auf und entzieht ihm dabei restlos die Eisenbeimischungen. Auch zum Wiedergewinnen des Eisens aus dem Gießereischutt, wobei die Federfinger hochgezogen werden, wird sie erfolgreich verwendet.

22. Sandcutter. Der Aufbereitung großer, in langen Haufen durch das Gießereischiff geschichteter Sandmengen dienen die in den USA. aufgekommenen **Sandcutter**. Sie besitzen ein mit schraubenförmigen Schneidblechen ausgerüstetes walzenartiges Organ, das beim Fahren der Maschine über den langen Sandhaufen den Sand schneidet, durchmischt und schleudert. Für deutsche Arbeitsverhältnisse sind sie nicht überall verwendbar. Eine deutsche Bauart „Orkan" besitzt zwei Schaufeln, die den angefeuchteten Sand zerkleinern und ihn entgegengesetzt zur Fahrtrichtung durch ein Sieb mit Auffangschirm werfen, von dem er auf den Gießereiflur fällt. Fremdkörper und Klumpen hält das Sieb zurück.

23. Das Mischen und Zerkleinern des Sandes erfolgt bisweilen auch in Trommeln, namentlich wenn es sich darum handelt, den Sand in einer Richtung durch die Aufbereitung zu schicken, um die Zahl der Becherwerke zu verringern oder aus örtlichen Gründen. Die einfache Mischtrommel besteht aus einem mit etwas schräg gelagerter Längsachse auf Rollen drehbaren zylindrischen Blechgefäß, das lediglich die Aufgabe hat, den an der einen Stirnseite eingebrachten Sand mittels einiger schräger Schaufeln am inneren Trommelumfang hochzunehmen, zu mischen und gemischt auf der entgegengesetzten Stirnseite wieder auszutragen. Sie bieten weiter nichts Bemerkenswertes. Neben diesen einfachen Sandmischtrommeln werden auch sog. Koller-

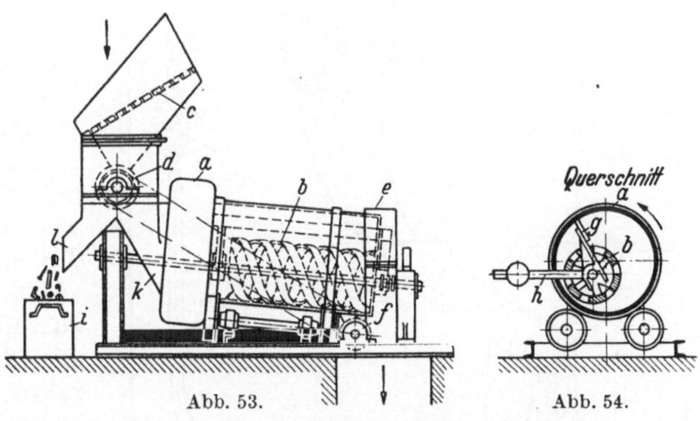

Abb. 53. Abb. 54.

Abb. 53 u. 54. Kollertrommel. (A.L.D.)

a = Kollertrommel; *b* = Misch- und Reibwalze; *c* = Rüttelrost; *d* = Magnetscheider; *e* = Auslaufgehäuse; *f* = Antrieb; *g* = Schaber; *h* = Gegengewicht für *g*; *i* = Abfalleisen; *k* = Sandrutsche; *l* = Eisenrutsche.

trommeln verwendet, in denen der Sand gemischt und auch zerkleinert wird, ähnlich wie bei den einfachen Kollergängen. Im Trommelinnern befinden sich entweder eine Anzahl um eine gemeinsame Achse laufender schwerer Walzen (Koller) oder eine Misch- und Reibwalze, die aus schraubenförmig gewundenen Stahlgußstreifen besteht (Abb. 53 u. 54). Bei dieser zum Aufbereiten von Altsand bestimmten Maschine wird der Sand auf das Schüttelsieb *c* gebracht. Der durchgesiebte Teil fällt auf den Magnetscheider *d*, wo die noch vorhandenen Eisenteile ausgeschieden werden. Der eisenfreie Sand wird über eine Rutsche *k* in den etwas erweiterten Stirnteil der Kollertrommel *a* gefördert. So gelangt er in den Bereich der Schraubenwalze *b*. Sie ist wie die Koller als Schleppwalze ausgebildet

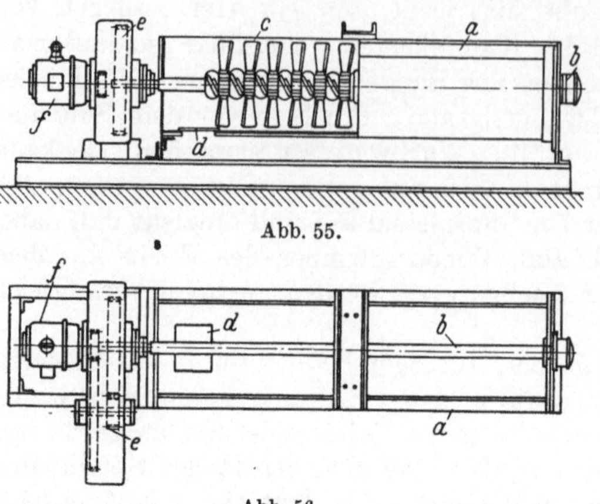

Abb. 55.

Abb. 56.

Abb. 55 u. 56. Mischtrog. (GHW.)

a = Trog, offen; *b* = Messerwelle; *c* = Schneidmesser; *d* = Austragsöffnung; *e* = Rädergetriebe; *f* = Antriebsmotor.

und etwas aus der Trommelachse herausgerückt. Durch ihr Eigengewicht wird der Sand zerrieben und gemischt, wobei die schraubenförmigen Bänder von Bedeutung sind, insofern sie das Mischgut durchwühlen und der Zerreibungsarbeit eine lange Fläche bieten. Der am Trommelumfang haftenbleibende Sand wird durch ein Abstreifblech *g*, das ein Gegengewichtshebel *k* an die Wandung drückt, abgestrichen und fällt durch die Zwischenräume der Schraubenwalze *b* wieder in den unteren Trommelteil zurück. Unter stetigem Zerreiben und Mischen gelangt der Sand allmählich in das feste Auslaufgehäuse *e*, das ihn zur Lockerung und Belüftung in einen Sandschleuderer fallen läßt.

Mischtröge (Abb. 55 u. 56) benutzt man zum Vormischen aufbereiteten Alt- und Neusandes mit Kohlenstaub und Wasser. Die drei Gemischteile werden an der rechten Seite in den oben offenen Trog *a* gegeben. Sie werden durch die auf der Messerwelle *b* schraubenartig angeordneten Schneidemesser *c* erfaßt, vermengt und nach links zur Austragsöffnung *d* geschoben. Das Anfeuchten erfolgt meist durch ein über dem Trog befindliches Wasserbrauserohr. Bisweilen werden die drei festen Teile auch trocken vorgemischt (Abb. 57), um jede Knollenbildung zu vermeiden. Das Mischgut fällt aus dem Mischtrog *i* über Fallrohre *a* und *b* durch einen Wasserschleier in eine Mischtrommel *c* und aus dieser Trommel in eine Sandschleudermühle.

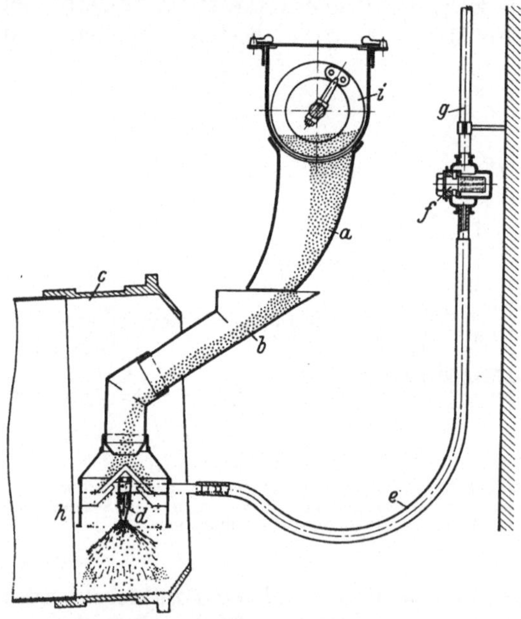

Abb. 57. Einlauf zur Anfeucht- und Mischtrommel. (Ausführung: A. Stotz A.-G. Stuttgart.)

a = Auslauf der Mischschnecke; *b* = Einlauf der Mischtrommel; *c* = Mischtrommel; *d* = Streudüse; *e* = Anschlußschlauch; *f* = Wasserhahn; *g* = Wasserleitung; *h* = Auslaufrohr; *i* = Mischtrog mit Schnecke.

24. Der Aufbereitung von Kernsand dienen in erster Linie Maschinen, in denen der Sand von möglichst gleichmäßiger Korngröße besonders innig mit den Kernbindemitteln vermischt wird. Je nach Größe, Sandart und Verwendungsart kommen die verschiedensten Binder in Frage, deren Zweck es ist, dem getrockneten Kern eine gute Standfestigkeit zu verleihen und sein Gefüge durch das Brennen so zu gestalten, daß er nach dem Gießen durch Erschüttern zerfällt, um ihn beim Putzen aus dem Gußstück leicht entfernen zu können. Als Kernbinder kommen besonders in Frage Öl (Leinöl, Teeröle, Wal- und Fischöle), Sulfitlauge, Melasse, Harze, Mehle, Dextrine, Quelline (Stärkeerzeugnis) u. a. m. Bei einem gut aufbereiteten Kernsand soll jedes einzelne Sandkorn mit einer dünnen Schicht des Bindemittels umhüllt sein, um eine gute Bildsamkeit zu erreichen. Am besten eignen sich für diesen Zweck besonders gebaute **Kernsandmischmaschinen** (Abb. 58). Sie bestehen aus einem oben offnen Blechtrog, der zum Entleeren um die Schaufelwelle herumgeschwenkt werden kann. Die letztere wird meist durch einen Riemen von der Transmission aus angetrieben; seltener ist der elektromotorische Einzelantrieb durch Keilriemen; gekippt und entleert wird mittels eines Handhebels. Zum Verhüten von Unglücksfällen während des Betriebes und zum Schutz gegen das Hineinfallen von Fremdkörpern ist der Trog durch ein Eisengitter abgedeckt. Das Mischen bewirken Schaufeln, die auf der waagerechten Welle befestigt sind. Diese Mischflügel arbeiten wechselseitig, wodurch das Mischgut in Richtung der Welle und des Trogmantels hin- und herbewegt und gut durcheinandergebracht wird.

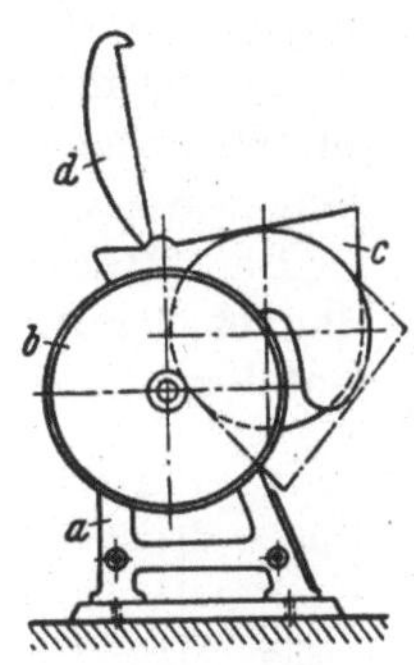

Abb. 58. Kernsandmischmaschine.(BMD.) a = Lagerböcke; b = Antrieb; c = Mischtrog; d = Schutzdeckel.

G. Mischkollergänge.

25. Wirkungsweise. Unter Mischkollergängen sollen solche Sandaufbereitungseinheiten verstanden werden, bei denen ein Kollergang besonderer Bauart mit zusätzlichen Maschinen und Vorrichtungen verbunden ist, so daß in stetigem Fluß des Mischgutes ein fertiger Gebrauchssand geliefert wird. Es handelt sich also dabei um halb selbsttätig arbeitende Anlagen mit einer Durchschnittsleistung bis etwa 5 m³/Std. Im folgenden sollen einige Bauarten dieser heute sehr verbreiteten Formsandaufbereitungseinheiten behandelt werden, ohne eine erschöpfende Darstellung der vielen Kombinationsmöglichkeiten des Kollergangs mit anderen Aufbereitungsmaschinen geben zu wollen.

Bei dem einfachen Mischkollergang Abb. 59 wird, wie das Schema seiner

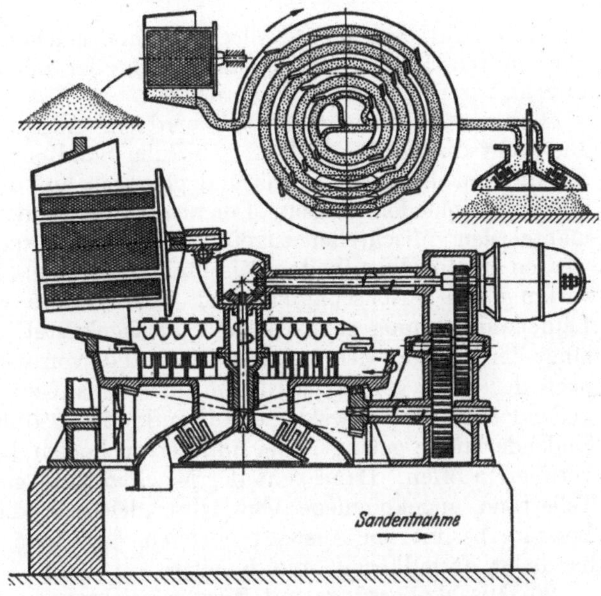

Abb. 59. Mischkollergang für durchlaufenden Betrieb. (BMD.)

Arbeitsweise im oberen Teil der Abbildung erkennen läßt, der Sand in ein Trommelsieb gegeben. Der abgesiebte Sand fällt auf den umlaufenden Mischteller. Dort wird er mit einem Scharrwerk in Streifen zerteilt und mehrfach gewendet den

Kollerwalzen (nicht gezeichnet) zugeführt, um dann durch eine Öffnung in der Mitte der Schüssel in die darunter angeordnete Stiftenschleudermaschine zu gelangen. Sie durchmischt den Sand nochmals, lockert und durchlüftet ihn, um ihn als Fertigsand herauszuschleudern. Während sich der Sand bei dieser Maschine im wesentlichen in senkrechter Richtung bewegt, ist bei den meisten Mischkollergängen die waagerechte maßgebend.

Der Mischkollergang mit mehrteiligen Läufern Abb. 60 ist mit einem Magnetscheider ausgerüstet. Der Läufer c besteht aus glatten und geriffelten Walzenteilen, die zusammen auf einer durchgehenden Welle sitzen. Sie läuft in Schiebelagern, so daß sie nach oben ausweichen kann. Durch seitliche Druckfedern werden die Läufer auf das Mischgut gepreßt. Um ein Umherspritzen des Sandes zu verhüten, ist das über dem Mischteller angeordnete Drehsieb durch einen Blechmantel umschlossen. Auf dem Teller sind verschiedene Zuführungsbleche angebracht zwecks guter Verteilung und Mischung des Gutes. Am äußeren

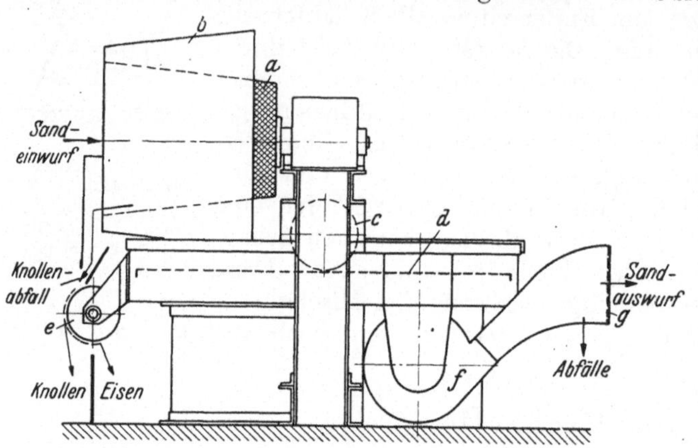

Abb. 60. Mischkollergang mit mehrteiligen Läufern (schematisch). (Agag.)
a = Drehsieb; b = Blechmantel; c = Kollerwalze; d = Mischteller; e = Magnettrommel; f = Sandschleuder; g = Sieb.

Umfang steht unter dem Teller eine Sandschleudermaschine zum Auflockern und Durchlüften des Sandgemisches. Mischteller mit Sieb usw. sind mit einer leicht abnehmbaren Blechhaube überdeckt.

Bei unterbrochenem Betrieb wird der Altsand in das Drehsieb geschaufelt. Die nicht durch die Maschen gehenden Sandteile rutschen infolge der kegeligen Siebform nach unten heraus und gelangen auf die Magnetwalze, wo die Eisenteile ausgeschieden werden. Der abgesiebte Sand wird durch den äußeren Blechmantel dem Mischteller zugeführt. Der Neusand und sonstige Beimengungen werden unmittelbar in den Mischteller gegeben. Das Mischgut wird unter Mitwirkung der Mischschaufeln und Umleitbleche von den glatten und gerillten Läuferwalzen innig gemischt und durchgeknetet. Nach dreimaligem Umlauf gelangt der Sand an den äußeren Tellerrand, von wo er durch ein Leitblech wieder nach der Mitte geführt wird, um den Umlauf zu wiederholen, bis die Mischung vollendet ist. Dann wird die Auslaufklappe geöffnet, durch die der Sand in die Schleudermühle gelangt. Bei ununterbrochenem Betrieb bleibt diese Klappe von vornherein offen. Dann geht der Mischvorgang nur einmal vor sich und das am Tellerrand angekommene Gut wird gleich in die Sandschleuder ausgetragen. Letztere besitzt am Auswurf noch ein Sieb zum Zurückhalten etwa noch vorhandener Fremdkörper und Knollen.

26. Mischkollergänge mit Zusatzeinrichtungen. Der Aufbereitungsmischkollergang Abb. 61···63 besteht aus einer Vereinigung von Siebeinrichtung, Kollergang und Bandschleuderer. Die ganze Maschine steht auf einem Profileisenrahmen und kann ohne besondere Fundamente in der Gießerei aufgestellt werden. Je nach dem gewünschten Gütegrad des Sandes kann man sie ständig oder unterbrochen arbeiten lassen. Das von einem kegelstumpfförmigen Blechmantel umgebene sechskantige Drehsieb bringt den Sand in die Mitte des umlaufenden Mischtellers von 1800 mm Dmr, in den eine geteilte, auswechselbare Verschleißplatte aus starkem Stahlblech eingelegt ist. Die drei Schleppkoller von je 300 mm Dmr, von denen zwei

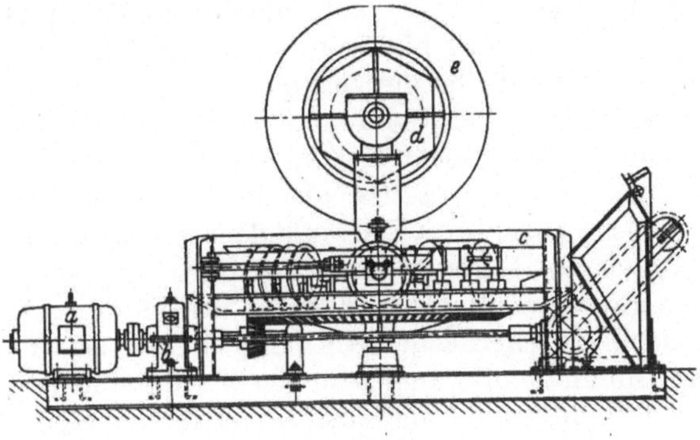

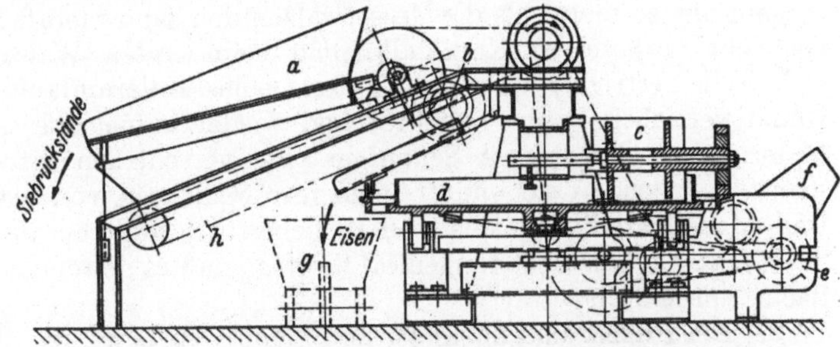

Abb. 61.

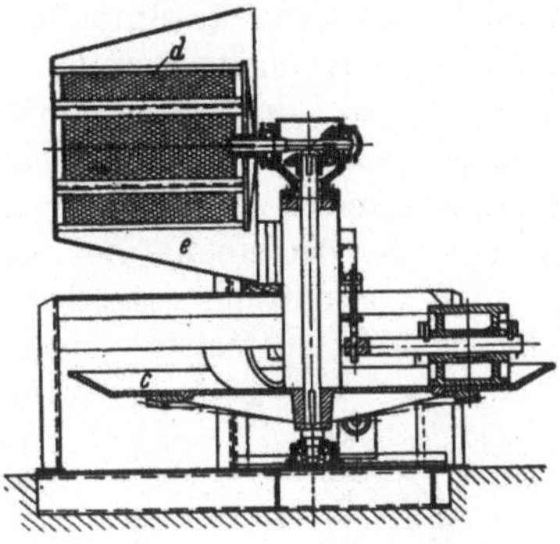

Abb. 62.

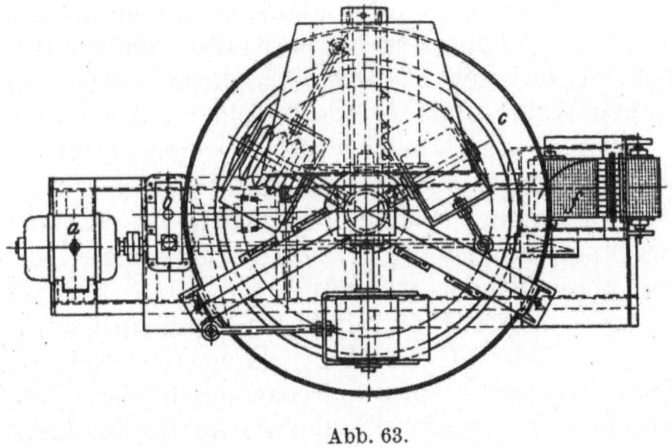

Abb. 61···63. SKB-Maschine. (G.H.W.)
a = Antriebsmotor;
b = Übersetzungsgetriebe;
c = Kollergang;
d = Polygonsieb;
e = Blechmantel für d;
f = Bandschleuder.

Abb. 63.

glatt und einer geriffelt ist, laufen in verschiedenen Entfernungen von der senkrechten Drehachse. Sie sind verhältnismäßig leicht, um ein Zerquetschen der Sandkörner zu vermeiden. Zwischen den drei Läufern sind drei schmiedeeiserne geschweißte Arme angeordnet, die einstellbare Leitpflüge tragen zum gründlichen Durchschaufeln und Umwenden des Mischgutes. Der durchgearbeitete Sand wird durch einen heb- und senkbaren Abstreifer dem Bandschleuderer zugeführt. Sämtliche Teile werden über ein

Abb. 64. Mischkollergang mit Schüttelsieb und Magnettrommel. (BMD.)
a = Schüttelsieb; b = Magnettrommel; c = Koller; d = Drehteller; e = Sandwolf;
f = Auswurf; g = Schubkarren; h = Gummiband.

durch elastische Kupplung mit dem Elektromotor verbundnes Stirnradgetriebe von der Hauptwelle aus durch Kegelräder angetrieben. Der Bandschleuderer wirft den Fertigsand schräg nach oben in Kippwagen.

Der Mischkollergang mit Schüttelsieb Abb. 64 arbeitet entweder ununterbrochen, wobei vorgattierter und grob vorgemengter Sand dauernd auf das

Schüttelsieb gebracht wird, oder absatzweise, wobei man Altsand, Neusand und Wasser gleichzeitig oder nacheinander aufgibt. Nach der Absiebung fällt der Sand auf ein Gummiband, das ihn einer Magnettrommel zum Ausscheiden der Eisenbeimengungen zuführt. Von hier gelangt er in die Mitte des Drehtellers und fließt dann zur Austragsstelle. Dabei wird er einer häufigen Wechselwirkung von reibenden und schneidenden Walzen ausgesetzt, die ihn zusammen innigst durchmischen. Nach beendigtem Mischen rutscht der Sand in eine Sandschleudermaschine zwecks Auflockerung. Neuartig bei diesem Kollergang ist die Art des Zerkleinerns, Zerreibens und Mischens. Auf der rauhen Fläche des Drehtellers wird der vorgemischte Sand mit gleichbleibender Geschwindigkeit einer zwangläufig gedrehten Walze zugeführt, deren Umfangsgeschwindigkeit an jedem

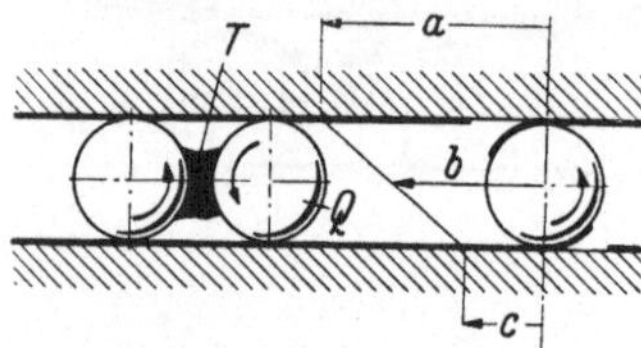

Abb. 65. Schema der Formsandverarbeitung beim Mischkollergang der BMD. T = Ton; Q = Quarzkorn. a = Geschwindigkeit der Auflage (Walze); b =Geschwindigkeit der Kugel (Quarzkorn); c =Geschwindigkeit der Unterlage (Tisch).

Punkt ihrer Ballenbreite größer ist als die des entsprechenden Tellerflächenteils. Die Walze ist mit einem Gummimantel umgeben, einem Werkstoff von hoher Reibungszahl, und lastet mit ihrem Eigengewicht auf dem Formsand. Diese Anordnung hat zur Folge, daß sich ein Sandkorn nach dem andern von den benachbarten Körnern löst, ohne dabei selbst zu zerbrechen. Das Quarzkorn wälzt sich zwischen Walze und Drehtischfläche in den plastischen Ton, wodurch es sich mit einer gleichmäßigen klebenden Tonschicht umgibt. Sind mehrere Quarzkörner zusammengebacken, so lösen sie sich bestimmt voneinander, da die Bewegungsrichtungen der sich berührenden Oberflächen entgegengesetzte sind, wie man aus der schematischen Skizze Abb. 65 ohne weiteres ersieht. Die Arbeitsweise dieser Reibwalzen wird namentlich bei dickeren Sandschichten besonders deutlich. Unter Einwirkung der Relativgeschwindigkeit schält sich der Sand in Form dünner aufrecht gerichteter Blättchen schuppenartig vom Walzenumfang ab, worin sich die starke Reibwirkung äußert.

Außer den beiden Reibwalzen sind noch eine oder zwei fräserähnliche Messerwalzen eingebaut, die den von den ersteren teilweise verdichteten Sand wieder auflockern. Die Wechselwirkung der beiden Walzenarten beschleunigt den Mischvorgang um so mehr, als die Messerwalzen den Sand mehrfach umschaufeln, wobei vielleicht vorhandene Neusandknollen beim ersten Walzendurchgang schon in viele Teile zertrennt werden. Während eines Tellerumlaufs wird der Sand 10 bis 15mal verrieben bzw. verdichtet und wieder aufgelockert. Die Durchmischung fördern auch die starren Schaufeln. Sie verschieben die Sandteile radial, zerschneiden, wenden sie und trennen ihre Schichten voneinander. Bei der hohen Umlaufgeschwindigkeit des Tellers heben die äußeren pflugartig ausgebildeten Schaufeln das Mischgut tangential hoch, so daß es gewendet wieder auf die Tellerfläche zurückfällt.

27. Der Drehstromschnellmischer „Planet" Abb. 66, die älteste Mischkollerbauart, führt den Misch- und Knetvorgang besonders gründlich durch und verkürzt ihn durch Einschalten schnell umlaufender Flügelmesser nicht unerheblich. Er wird ortsfest und fahrbar gebaut mit Leistungen von 2 bis 20 m³/Std. Diese Maschine besteht aus einem Kollergang mit drehbarem Teller, auf dem sich zwei Läufer (glatt, gerillt oder gezahnt) unabhängig voneinander heben und senken können, einem Polygonsieb und einer mit verschließbarer Drehklappe versehenen Mischkammer. Der durchgesiebte Sand fällt unmittelbar in die Mischschüssel, während der Siebrückstand an der Aufgabeseite des Siebes von selbst ausgeschieden wird. Die Mischkammer an der dem Sieb gegenüberliegenden Seite des Tellers enthält den Drehstromschnellmischer. Er besitzt zwei schnell umlaufende Flügel, deren Welle tangential zur Umlaufrichtung des Sandstroms liegt. Sie zerreiben, vermengen, kneten, schleudern und bunkern den Sandstrom. Ihre beschleunigende und verbessernde Einwirkung auf den ganzen Aufbereitungsvorgang beruht darauf, daß die Flügelmesser in den unter ihnen vorbeiziehenden Mischgutstrom radial hineinschneiden, etwa 12mal i. d. Sekunde, und, da sie sich mit größerer Geschwindigkeit bewegen als jener, ihn zerreißen und auflockern. Gleichzeitig wirken diese Messer auch als Schaufeln, die den herausgeschnittenen Teil des Mischgutes ausheben und ihn von ihrem Drehkreis abschleudern, so daß er an einer anderen Stelle der Mischschüssel zerteilt wieder von neuem in den Sandstrom zurückfällt. Den Boden der Mischkammer bildet die umlaufende Tellerfläche. Ein Teil des herausgeschleuderten Sandes wird durch den oberen Kammerraum hindurchgeworfen und wieder in den unten vorbeiziehenden Mischgutstrom zurückgebracht. Dort wird er sofort zugleich

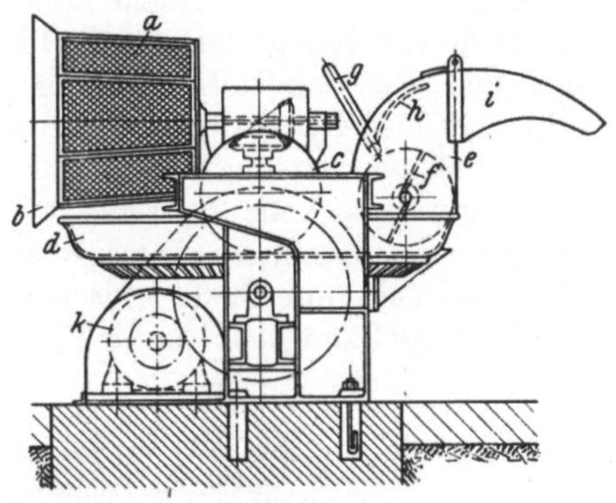

Abb. 66. Sandaufbereiter „Planet".
(Ausführung: Hammers, Karlsruhe [P.H.K.].)

$a =$ Polygondrehsieb; $b =$ Blechmantel; $c =$ Kollerwalze; $d =$ Drehbare Mischschüsse l; $e =$ Mischkammer; $f =$ Schaufelschleuderer; $g =$ Hebel zum Öffnen und Schließen von h; $h =$ Mischkammerdeckel; $i =$ Auswurfhaube; $k =$ Antriebsmotor.

mit neuen Sandstromteilen zusammen wieder durchschnitten, verrieben und aufgelockert. Öffnet man die oben in der Mischkammer vorgesehene Klappe, so wird ein Teil des herausgeschaufelten Aufbereitungsgutes nach außen befördert. Läßt man die Messer stillstehn, so wirken sie pflugartig. Daneben besorgen in die Mischschüssel eingebaute leicht auswechsel- und nachstellbare Scharrbleche ein andauerndes Wenden des Mischgutes. Mischteller, Läufer und Siebtrommel werden von einer Hauptwelle aus durch Riemen oder Elektromotor angetrieben, während der Drehstromschnellmischer einen eigenen Antrieb erhält. Eine Wasserbrause über dem Teller verleiht dem Sandgemisch den nötigen Feuchtigkeitsgehalt. Altsand, Neusand und andere Formstoffe werden von Hand oder maschinell in die Siebtrommel gegeben, der Siebdurchfall gelangt unmittelbar in die Mischschüssel, die ihn abwechselnd unter die Läuferwalzen, das Scharrwerk und den Schnellmischer führt. Ist der Drehteller genügend mit Mischgut gefüllt, so wird durch Umlegen eines Handhebels die Abschlußklappe der Mischkammer geöffnet, worauf die Mischerschaufeln den

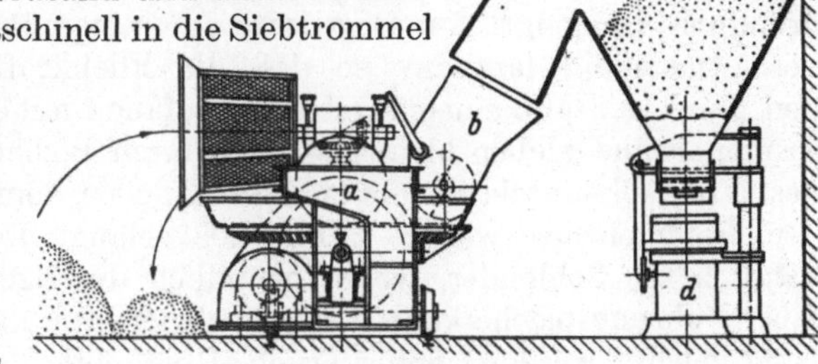

Abb. 67. Fahrbare Planetanlage mit Bunkerfüllung. (PHK.)
$a =$ „Planet"-Mischer; $b =$ Schleuderrohr; $c =$ Gebrauchssandbehälter; $d =$ Formmaschine.

formgerechten flockigen Fertigsand in Fördergefäße, Bunker oder dgl. herauswerfen. Es kann auch Kernsand mit der beschriebenen Maschine aufbereitet werden, die Kernmittel werden in diesem Fall unmittelbar in die Mischschüssel aufgegeben.

Von den zahlreichen Verwendungsmöglichkeiten der beschriebenen Maschine gibt Abb. 67 ein Beispiel für das unmittelbare Bunkern. Über den Formmaschinen

sind Behälter vorgesehen, aus denen der Sand unmittelbar in die auf den Modell-
platten stehenden Formkästen abgezogen wird. Die Aufbereitungsmaschine ist
in diesem Fall fahrbar eingerichtet, so daß sie zum Füllen von einem Bunker zum
anderen gefahren, werden kann.

Statt der Mischschüsseln können auch Drehtrommeln verwendet werden, so
entsteht der Kollergang mit Trommelmischer (Abb. 68). Er setzt sich zusammen aus Schüttelsieb, Ringmühle, Mischtrommel und Schleudermaschine.
Die verschiedenen Sandarten werden von Hand oder mittels einer Fördereinrichtung auf das Schwingsieb gebracht. Der feine Sand fällt durch das Siebnetz in
die darunterliegende Rutsche, während die Knollen über die Siebfläche in die
Ringmühle gleiten, wo sie zwischen Kollerwalze und Mahlbahn zerdrückt werden.
Walzendruck und Spalt zwischen Mahlbahn und Walze sind einstellbar. Der
zerkleinerte Sand bleibt unter Einwirkung der Fliehkraft auf der Mahlbahn liegen,
um oben durch ein Abstreifblech über eine Rutsche wieder in das Sieb geleitet zu werden. Etwa noch nicht genügend zerkleinerte Sandteile wandern von neuem in die Ringmühle. Da nach jedem Mühlendurchgang der feine Sand abgesiebt wird, kann ein Totmahlen nicht eintreten. Der Siebdurchfall fließt unter dem Sieb hin-durch in die Mischtrommel. Beim Sieben, Zerkleinern und Weiter-fördern geht bereits

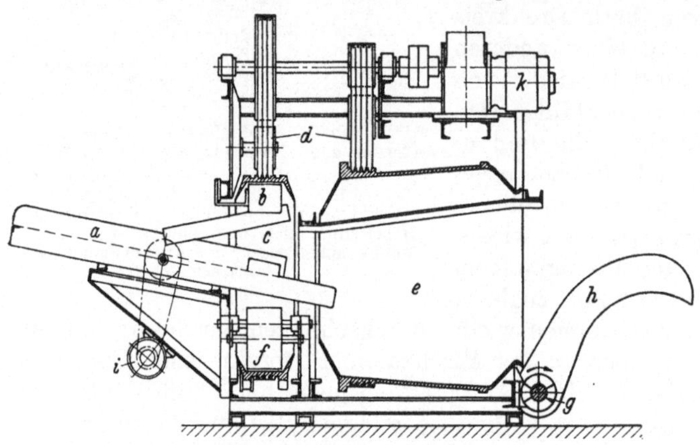

Abb. 68. Kollergang mit Trommelmischer. (Agag.)

a = Schwingsieb; b = Abstreifblech; c = Ringmühle (55 U/min); d = Keil-
riemenantriebe; e=Mischtrommel (22 U/min); f=Kollerwalze; g=Sandschleuder;
(1400 U/min, Motor 1,5 PS); h = Schleuderhaube; i = Antriebsmotor (1,5 PS);
k = Hauptantriebsmotor (5 PS).

eine trockene Mischung der verschiedenen Sandarten vor sich. In der Trommel wird der vorgemischte Sand mit einer Brause angefeuchtet und weiter
gründlich vermengt. Im Gegensatz zur Ringmühle dreht sich die Mischtrommel
verhältnismäßig langsam, so daß die Fliehkraft gering ist und der Mantel
den Sand nur auf einem Teil des Umfangs mit hochnimmt. Soweit er an der
Trommelwand kleben bleibt, wird er durch Bleche abgeschabt. Die Kegelgestalt
des Trommelmantels schiebt den Sand neben dem Mischen auch in die Richtung
der Trommelachse weiter. Schließlich gelangt der gemischte und angefeuchtete
Sand in die Schleuder, wo er gründlich durchgelüftet und hochgeworfen wird.
Über Führungsbleche kann der Sandstrom in Kübel, Bunker oder auf ein Förder-
band geleitet werden. Schwingsieb, Ringmühle und Mischtrommel werden durch
Keilriemen angetrieben, während die Schleudermaschine unmittelbar mit ihrem
Elektromotor gekuppelt ist.

28. Der Eirich-Mischer Abb. 69 stellt eine besondere Mischkollergangbauart
dar. Der Mischvorgang spielt sich hier in einem offenen, auf Tragrollen laufenden
zylindrischen Bottich ab, der sich entgegengesetzt der Umlaufrichtung der Misch-
organe dreht und ihnen Mischgut zuführt. Ein oder mehrere elastisch gelagerte
Mischsterne, Abb. 70···72, deren Höhenlage einstellbar ist, streichen über die
rotierende Tellerfläche hinweg, dabei drehen sich die Schaufeln 1 und 2 nebst

der Kollerwalze im Kreise um die exzentrisch zum Mischtellermittelpunkt m gelagerte Achse w, während der Mischteller im entgegengesetzten Sinne um m kreist (Abb. 70). Die Geschwindigkeiten von Werkzeugen und Teller sind so gewählt, daß Schaufeln und Koller dauernd neue Tellerabschnitte bestreichen und die auf ihnen befindlichen Mischgutteile verarbeiten. Die Kreislinie e bezeichnet die relative Kreisbahn der Knetwerkzeuge, die in Verbindung mit dem exzentrisch dazu sich drehenden Mischteller dazu führt, daß die Schaufeln 1 und 2 sowie der Koller, und zwar jedes Werkzeug für sich, Schleifenbahnen entsprechend Abb. 71 durchlaufen. Infolge der ständigen Weiterbewegung des Tellers wandert jede dieser Schleifen auf einen andern Oberflächenteil, so daß während eines Tellerumlaufes sich viele solcher Schleifen bilden, die sich an verschiedenen Tellerteilen treffen und überschneiden, wie angedeutet ist. Wie man aus Abb. 72 sieht, sind die Krümmungsradien dieser Kurvenbahnen in der Tellermitte am kleinsten und in der Nähe des Tellerumfangs am größten. Der größere Teil des Mischgutes befindet sich also am Umfang, wo demnach auch die Hauptarbeit zu leisten ist. Das

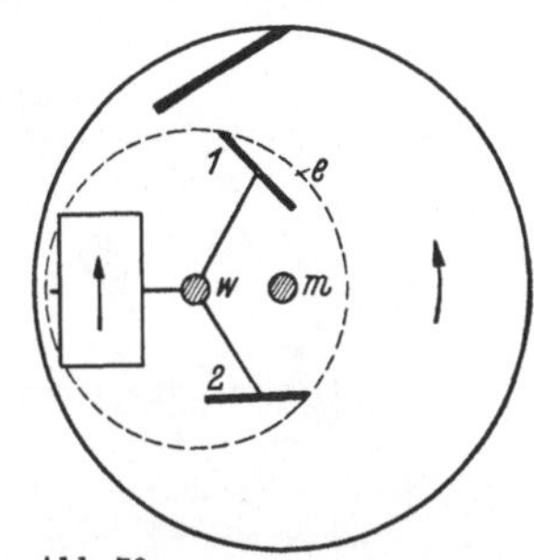

Abb. 70.

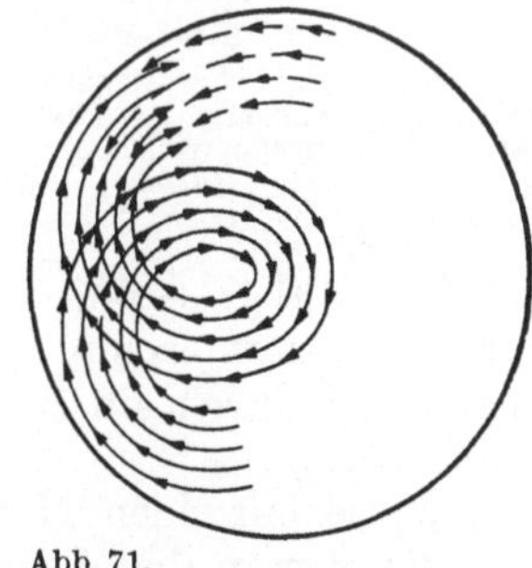

Abb. 71.

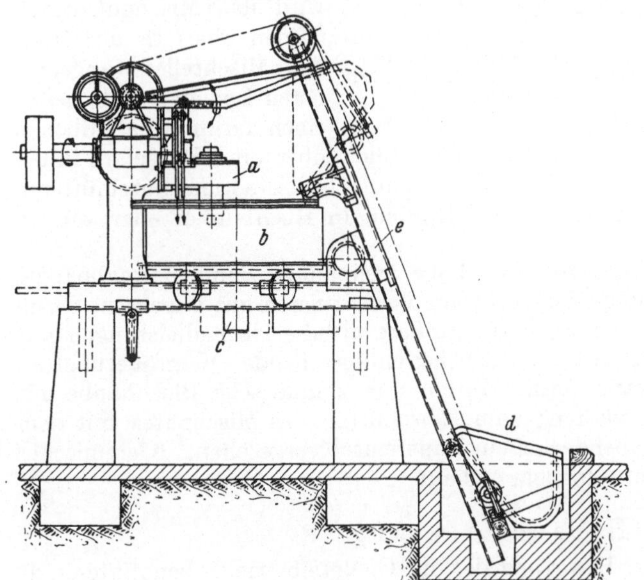

Abb. 69. Eirich-Mischer. (OUL.)

a = Mischsternantrieb; b = Mischtrog; c = Ausstoß; d = Füllkübel; e = Kübelgeleise.

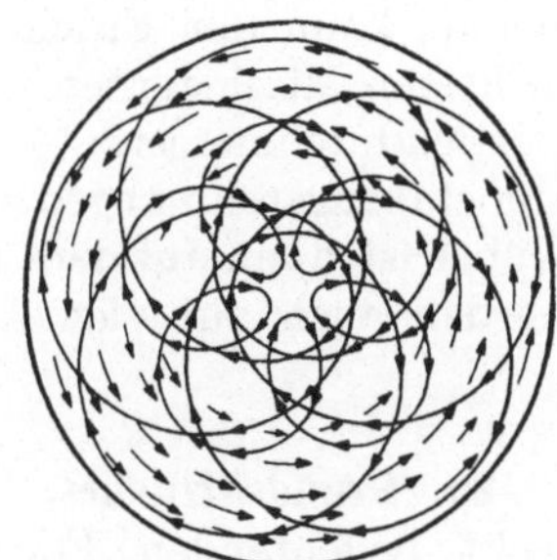

Abb. 72.

Abb. 70···72.
Arbeitsweise des Eirich-Mischers.

ständiger Bewegung unterworfene Gut wird zwischen Koller und Teller nicht nur geknetet sondern auch verrieben, da die dauernde Richtungsänderung der Kollerbahn eine scheuernde Bewegung der Walze auf der Tellerfläche hervorruft. Gleichzeitig wenden die Schaufeln das Mischgut und bringen es immer wieder unter den Koller, darüber hinaus verhindern sie das Festsetzen an der Tellerfläche und Bottichwand. Trockener wie feuchter Formsand kann im Eirich-Mischer verarbeitet werden. Soll das Gut nicht geknetet werden, so wird der Koller durch Hochziehen ausgerückt. Auch für Kernsand, Masse und Lehm sind diese Mischer geeignet.

Als Beispiel der vielen Möglichkeiten besteht die Gegenstrom-Schnell-mischer-Anlage Abb. 73 aus einer Vereinigung mit Sieb, Füllvorrichtung und Schleudermaschine. Während der Mischer f füllungsweise arbeitet, laufen die anderen Maschinen ununterbrochen. Der Neusand wird nicht getrocknet, sondern

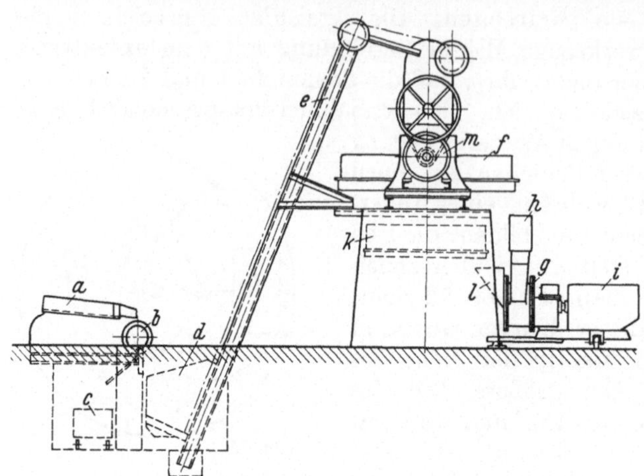

zusammen mit Kohlenstaub und sonstigen Beimengungen in entsprechenden Mengen in den Aufzugskübel d geschüttet und unmittelbar in den Mischer f gehoben. Der Altsand dagegen wird auf ein Schüttelsieb a geschaufelt. Der durchgesiebte Sand gelangt über einen Eisenausscheider b in den Aufzugskübel d, mit dem er in den Mischer f befördert wird. Ist die Mischarbeit beendet, so wird das Mischgut durch Öffnen eines in der Mitte des Mischtellers angeordneten Bodenverschlusses in einen darunter befindlichen über eine Rutsche l in die

Abb. 73. Eirich-Mischer-Aufbereitungsanlage. (O.U.L.)

a = Schüttelsieb; b = Magnetscheider; c = Eisensammelgefäß; d = Kübel; e = Aufzug; f = Mischer; g = Schleudermaschine (schwenkbar); h = Schleuderrohr; i = Antriebsmotor von g; k = Zuteiler; l = Rutsche; m = Mischerantriebsmotor.

Zuteiler k abgelassen, der ihn selbsttätig allmählich in die Sandschleudermaschine g schiebt. Sie wirft den aufgelockerten und durchlüfteten Fertigsand durch ein Schleuderrohr h auf Haufen, in Hochbunker oder auf ein Förderband.

Da die einzelnen Maschinen in ihrer Lage zueinander ziemlich unabhängig sind, kann man die Mischanlage den örtlichen Verhältnissen gut anpassen. Nach Bedarf kann der Eirich-Mischer auch für größere als die Normalleistungen mit mehreren Mischsternen ausgestattet werden bei entsprechender Vergrößerung des Bottichdurchmessers. Er kann ferner durch eine zylindrische Blechhaube mit Dunstabzugsrohr abgedeckt werden; zum Einschütten des Mischgutes mit dem Kübel ist dann auf dem Haubendeckel ein Fülltrichter vorgesehen. Kleinmischer werden auch auf vier Rädern fahrbar gebaut.

H. Sandförderung.

29. Grundsätzliches. Der Bewegung der im Gießereibetriebe benötigten, oft recht bedeutenden Formsandmengen ist große Aufmerksamkeit zu widmen. Während es beim Fördern von Alt- und Neusand zur Aufbereitung auf die Art des Fördermittels nicht ankommt, ist zur Beförderung von fertig aufbereitetem Sand nicht jeder Förderer benutzbar. Es scheiden dabei von vornherein alle die aus, deren Arbeitsweise den gelockerten Zustand des Formsandes nachteilig beeinflussen.

30. Kleine und mittlere Betriebe. Für die Förderung in senkrechter Richtung kommen fast ausschließlich Becherwerke in Frage. Da es sich dabei meist nur um Zuführung der einzelnen Stoffe in die vorbereitenden Maschinen handelt, steht ihrer Verwendung trotz ihrer etwas verdichtenden Wirkung auf die Sandteile nichts entgegen. Zur waagerechten Förderung werden besonders in kleineren und mittleren Gießereien auf Schienen laufende Kippkübelwagen oder an Laufkatzen kippbar aufgehängte Kübel verwendet, die gleichzeitig auch zum Bewegen fester Gießereistoffe usw. benutzt werden können. Die bodenständigen Geleisebahnen behindern den Verkehr und haben den Nachteil, daß Schienen und Drehscheiben leicht vom Sand überdeckt werden, wenn nicht für häufigere Säuberung gesorgt wird. Deshalb sind Hängebahnen vorzuziehen, deren Hauptstränge man zweckmäßig an den Wänden oder Säulenreihen der Gießhallen entlang führt. Bei vorsichtigem Füllen und Entleeren der Kübel ist die Kübelförderung auch für Fertigsand gut zu verwenden.

31. In großen Betrieben mit Massenerzeugnissen müssen aber für den Formsand besondere Fördereinrichtungen eingerichtet werden, die ihn jeder Formstelle zuführen und in bestimmten Mengen an die Formmaschinen abgeben können. Das idealste Fördermittel, das die Verfassung des aufbereiteten Sandes überhaupt nicht beeinflußt und sich ohne weiteres für seine Bewegung unter oder über Flur eignet, ist der Bandförderer, daneben werden Schiebeförderer, Schüttelrinnen und Wuchtförderer verwendet.

32. Selbsttätige Zentralsandaufbereitungen, die ziemlich teuer in ihren Einrichtungen sind, kommen nur für Gießereien von gewisser Ausdehnung an in Frage. Maßgebend für ihre Aufstellung sollten lediglich die Ersparnis an Arbeitern zum Senken der Hilfslöhne und ein sehr großer Sandverbrauch sein. Erst von einem Mindestverbrauch von 5 m³/Std. Fertigsand ab sind solche Anlagen überhaupt am Platze. Die Gestaltung der Sandaufbereitung ist von den örtlichen Verhältnissen weitgehend abhängig.

II. Gußputzerei.

Mit den steigenden Ansprüchen an das Aussehen der Gußoberflächen hat die Putzerei ganz erheblich an Bedeutung gewonnen. Früher sah man sie als notwendiges Übel an und brachte sie in irgendeiner Ecke unter, wo einige ausgediente Former und invalide Hofarbeiter mit oft recht primitiven Werkzeugen wie Meißel, Feile, Drahtbürste, verschiedenen Eisenstangen und bisweilen einer Schleifmaschine die unsaubere Putzarbeit schlecht und recht unter stärkster Staubentwicklung besorgten. Heute findet man hohe luftige und helle Putzräume mit neuzeitlichen Werkzeugen und Maschinen ausgerüstet, wo wirkungsvolle Entstaubungsanlagen den gesundheitsschädlichen Putzstaub absaugen und gute Arbeitsbedingungen schaffen.

Die unter der Bezeichnung „Putzen" zusammengefaßten Arbeiten bestehen aus Vorbereitungs- und Vollendungsarbeiten. Unter den ersteren versteht man das Abtrennen der Eingüsse, Steiger, verlorenen Köpfe und Gußnähte, das Entfernen der Kerneisen und Kerne und das Beseitigen des an der Gußoberfläche anhaftenden Formsandes. Die Vollendungsarbeiten dienen dem Befreien der Gußoberfläche von der anhaftenden Sandkruste, mit dem gleichzeitig ein Mattieren verbunden ist, das dem Stück einen grauen Glanz verleiht.

A. Handputzwerkzeuge und -einrichtungen.

33. Putztische. Zur Durchführung der Vorbereitungsarbeiten werden heute in weitem Ausmaß Maschinen verwendet, die dem Putzer die schwere Arbeit abnehmen. Nur Angüsse kleiner Querschnitte, kleinere Kerne u. desgl. werden noch von Hand entfernt. Aber auch hier sind besonders in Gießereien mit großer Massenerzeugung manche arbeitsparende Sondereinrichtungen eingeführt worden, vor allem für das Ausstoßen der Kerne. Die von Hand vorzunehmenden Arbeiten entwickeln eine sehr große Menge Staub. Sie werden daher am besten auf be-

sonderen Putztischen (Abb. 74 u. 75) vorgenommen. Diese bestehen aus einem
kräftigen Eisenrahmen, der auf starken gußeisernen Säulen ruht und mit durch-
lochten abnehmbaren Gußeisenplatten abgedeckt ist. Unter dem Tisch ist ein
geschlossener Eisenblechkasten angebracht, in dem sich der durch die Tischroste
fallende Schutt wie Gußabfälle, Sand, Staub u. dgl. sammelt. Große Reinigungs-
öffnungen ermöglichen ein leichtes Entfernen des Kasteninhaltes. Die Absaugung
des Staubes erfolgt durch Anschluß des unter dem Tisch angebrachten Rohr-

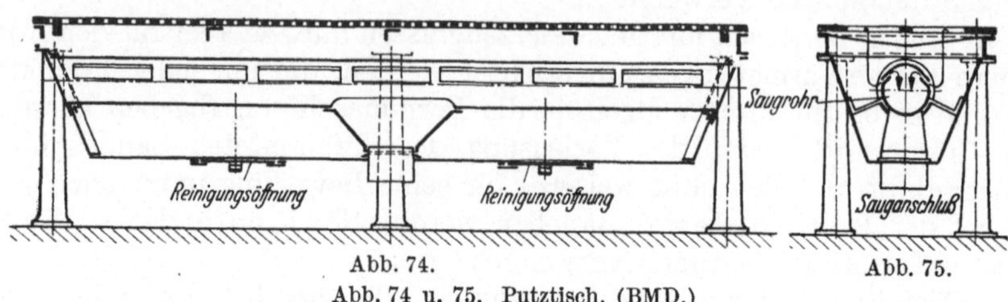

Abb. 74.   Abb. 75.
Abb. 74 u. 75. Putztisch. (BMD.)

stutzens an die Saugleitung eines Exhaustors. Ein den ganzen Tisch durchziehendes,
mit Saugschlitzen versehenes Rohr sorgt für eine kräftige und gleichmäßige Saugwirkung. Gestalt und Lage der Saugschlitze verhindern das Eindringen grober
Verunreinigungen in das Rohr und damit in die Saugleitung. Durch Ablenkung
des Luftstroms wird außerdem der Staub ausgeschieden und fällt in den Sammelbehälter. Solche Tische, an denen man auch Schraubstöcke befestigen kann,
werden zum Arbeiten an einer oder beiden Seiten ausgeführt.

34. Putzroste. Die Putztische eignen sich nur für kleine und mittelgroße Putzstücke, während sie für große, schwere Teile nicht in Frage kommen. Als Unterlage
werden in diesem Fall Putzroste benutzt (Abb. 76), die mit dem Gießereiflur
in gleicher Höhe oder einige cm höher liegen und
aus 2 bis 3 m² großen gelochten dicken Gußplatten
oder einem aus hochkant gestellten Flacheisen ge-
bildeten Gitter bestehen. Bei größeren Anlagen
werden je nach Abmessung mehrere Einzelroste
nebeneinander gelegt. Unter dem Rost befindet
sich eine ausgemauerte Grube, in die ein Schutt-
kübel gestellt wird. Die Verbindung zwischen
Kübel und Rost bildet ein an letzterem befestig-
ter Blechtrichter. Der Kübelinhalt ist so groß,
daß er nur alle ein bis zwei Tage geleert zu werden braucht. Zu diesem Zweck nimmt man den
Rost mit dem Trichter ab, und der volle Schutt-
kübel wird mit dem Kran zur Schuttaufbereitung
gefahren. Im Schutt ist meist noch ziemlich viel

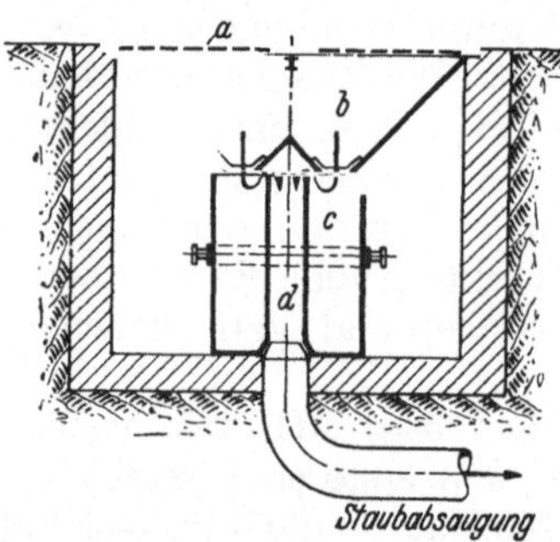

Abb. 76. Putzrost mit Schutt-Sammelbehäl-
ter und Staubabsaugevorrichtung. (BMD.)
a = Rost; b = Schutteinlauf; c = Schutt-
kübel; d = Staubrohr.

Eisen enthalten, dessen Rückgewinnung sich besonders bei großen Gießereien
durchaus lohnt. Die Putzrostanlagen sind mit Staubabsaugung versehen, um die
beim Vorputzen großer Gußstücke und beim Kernausstoßen entstehenden großen
Staubmengen zu beseitigen.

35. Eine Putzrostanlage mit selbsttätiger Schuttabfuhr und -aufbereitung (Abb. 77)
kommt für Großgießereien in Frage, die keine Schuttaufbereitung besitzen, oder
bei denen sie von der Putzerei weit entfernt liegt. Der unter den Rosten in den
Trichtern sich sammelnde Schutt wird durch eine Schüttelrinne dem Eisenausscheider zugeführt. Das herausgezogene Eisen fällt in den Kübelwagen,

während der Schutt durch ein Becherwerk in große Bunker oder gleich in Eisenbahnwagen befördert wird. Auf diese Weise ist eine ununterbrochene Abfuhr und Aufbereitung des Putzschuttes erreicht. Ihr Betrieb kann auch so gestaltet werden, daß man den Schutt sich tagsüber in den Trichtern sammeln läßt und ihn erst gegen Ende oder nach Schluß der Tagesschicht aufbereitet. Dann müssen aber Trichter, Förderrinne, Eisenausscheider und Becherwerk entsprechend größer gewählt werden, damit sie die ganzen Tagesschuttmengen in kurzer Zeit bewältigen können. Auch diese Putzroste mit selbsttätiger Schuttabfuhr werden zweckmäßig an eine Staubabsaugeanlage angeschlossen, deren Saugrohre unmittelbar unter den Rosten angeordnet sind.

36. Hämmer und Abklopfapparate. Erhebliche Schwierigkeiten bietet nicht selten das Beseitigen großer Kerne nebst ihren Kerneisen, die durch das Gießen meist sehr hart geworden sind, mit Handwerkzeugen. Deshalb finden hierzu Preßlufthämmer weitgehende Verwendung, deren Wirkungsweise als bekannt vorausgesetzt werden kann. Sie sind mit einem selbsttätigen Außendrall

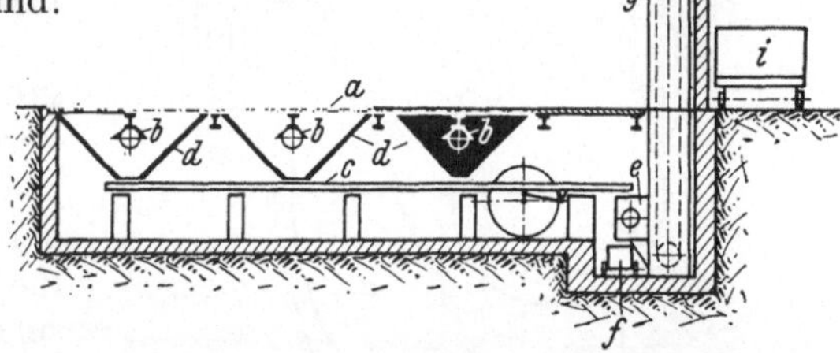

Abb. 77. Putzrostanlage mit selbsttätiger Schutt-Abfuhr und -Aufbereitung. (BMD.)

a = Rost; b = Rohre für Staubabsaugung; c = Schüttelrinne; d = Rutschen; e = Eisenausscheider; f = Kübelwagen; g = Becherwerk; h = Ausstoßschurre; i = Eisenbahnwagen.

versehen, der den Meißel nach jedem Schlag etwas dreht. Um den Putzer vom Rückstoß zu entlasten, sind starke Schraubenfedern angeordnet.

Zum Beseitigen von Sandkrusten u. dgl. werden außer leichten Preßlufthämmern vielfach Preßluft-Abklopfapparate mit oder ohne Staubabsaugung benutzt. Es sind dies kleine ventillose Hämmer mit kurzem Hub, da nur schwache Schläge mit Schlagzahlen von 6000 i. d. Min. in Frage kommen, während die Meißelhämmer mit 3000 arbeiten. Bei dem Abklopfer Abb. 78 ist der Schlagkolben zugleich das Werkzeug und ebenso wie der Gehäuserand sägeartig

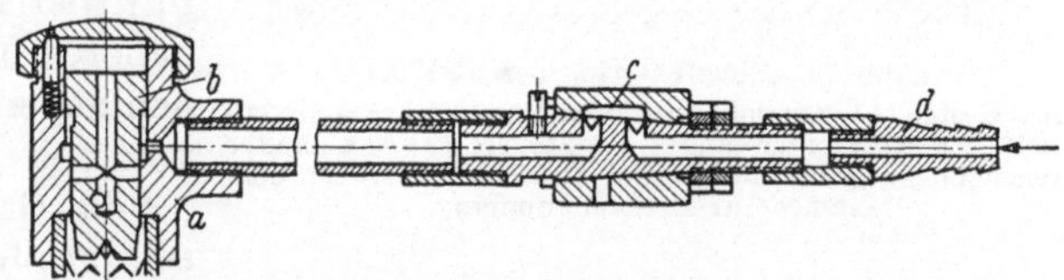

Abb. 78. Preßluftabklopfer. (Ausführung: Frankfurter Maschinenbau-AG.)
a = Zylinder; b = Schlagkolben; c = Einlaßventil; d = Schlauchanschluß.

verzahnt. Die auf das Putzstück schlagende Kolbenverzahnung kann nachgeschliffen werden. Ist sie zu weit abgenutzt, so kann man den kleinen Kolben leicht auswechseln. Die Art der Verzahnung in Verbindung mit der Anordnung der Luftkanäle, die nicht radial verlaufen, sondern seitlich an der Mittelachse vorbeigeführt sind, verursacht eine Drehung des Kolbens während des Arbeitens. Die austretende Druckluft bläst gleichzeitig die abgeklopften Teile ab. Dieser Abklopfer ist gewissermaßen doppeltwirkend, da infolge des Rückstoßes auch der Zahnkranz des Gehäuserandes auf das Werkstück schlägt. Ein am Schaft angebauter Kegelhahn regelt die Druckluftzufuhr. Das Werkzeug wiegt etwa 1,5 kg. Solche Abklopfer können auch mit Staubabsaugung versehen werden.

B. Maschinen für vorbereitende Arbeiten.

37. Einguß-Abschneidemaschinen (Abb. 79) zum Abschneiden von Angußteilen kleinerer Querschnitte sind nach Art der Exzenterpressen angeordnet und besitzen als Werkzeuge meißelähnliche Schneidstähle, von denen der obere beweglich, der untere fest ist. Durch Niedertreten des Fußhebels werden die Schneidemesser betätigt, während das Ausrücken in der höchsten Lage des beweglichen Stahls selbsttätig erfolgt. Die Kupplung des Messerschlittens mit dem Kurbelgetriebe besorgt ein verschiebbarer Bolzen, bei größeren, schwereren Schneidemaschinen eine Drehkeilkupplung, wie sie bei Exzenterpressen üblich ist.

38. Sägen. Zur Beseitigung von größeren Angußquerschnitten und von verlorenen Köpfen, namentlich bei Stahlguß, werden mit Vorteil Sägen der verschiedensten Bauart benutzt, die mit Transmissions- oder elektrischem Antrieb versehen sein können. Sehr beliebt sind die Kaltkreissägen, die auf verschiebbaren Schlitten stehen, wobei meist das Sägeblatt unter verschiedenen Winkeln arbeiten kann, um seinen Schnitt der Lage des verlorenen Kopfes am Gußstück anzupassen. Die Aufspannplatte ist verstellbar ausgebildet, was ein leichtes, genaues Ansetzen der Säge ermöglicht. Für kleinere Querschnitte genügen Stahlbandsägen und Bogensägen. Ein näheres Eingehen auf die verschiedenen Sägenbauarten erübrigt sich, da sie von den bekannten kaum abweichen.

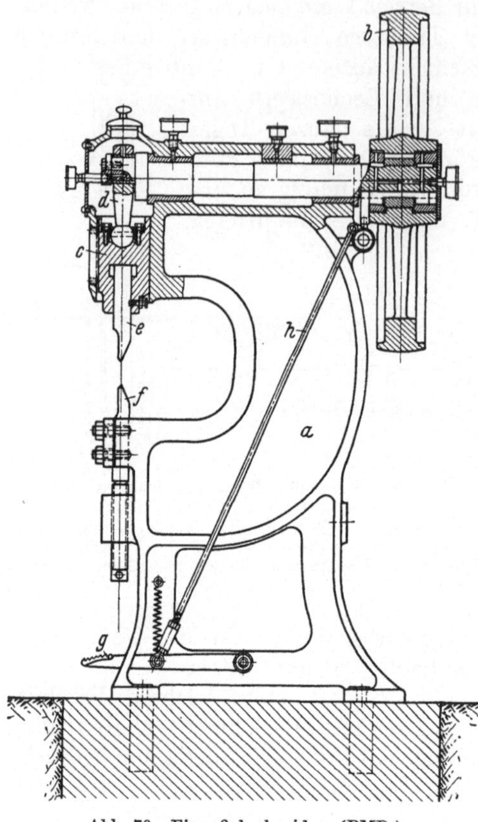

Abb. 79. Eingußabschneider. (BMD.)
a = Gestell; *b* = Antriebs- und Schwungscheibe; *c* = Stößelhalter; *d* = Exzenterstange; *e* = Stößel; *f* = Gegenhalter (einstellbar); *g* = Fußtritt zum Einrücken; *h* = Einrückstange zur Drehkeilkupplung.

39. Gasbrenner und Lichtbogen. Bei sehr großen Stahlgußstücken, deren Beförderung und Aufspannen Schwierigkeiten machen, empfiehlt sich das Abschneiden der großen verlorenen Köpfe durch Azetylen- oder Wasserstoff-Brenner bzw. den elektrischen Lichtbogen an Ort und Stelle.

40. Schleifmaschinen. Grate, Gußnähte, Eingußstellen, Unebenheiten und andere Schönheitsfehler an Gußstücken werden am besten mittels Schleifscheiben entfernt. Entsprechend der Vielseitigkeit der auf ihnen vorzunehmenden Arbeiten werden sie in verschiedenster Weise mit Maschinengestellen und Antriebsvorrichtungen verbunden.

Für Gußputzzwecke sind besondere Schleifmaschinen gebaut worden, die auf die Vielseitigkeit der vorkommenden Arbeiten und besonders auf die verschiedenartige Gestalt und Größe der zu schleifenden Teile Rücksicht nehmen. Besonders ist dabei auch eine wirkungsvolle Absaugung des gesundheitsschädlichen Schleifstaubes vorgesehen. Aus der großen Zahl der Bauformen sollen deshalb einige typische Beispiele besprochen werden. Alle Schleifmaschinen verlangen eine kräftige Lagerung der Schleifspindel und ein standfestes hohles Maschinengestell, wenn eine gute Schleifleistung erreicht werden soll. Dabei darf das Stehen oder Sitzen des Schleifers beim Arbeiten nicht behindert werden. Außerdem muß

die Schleifscheibe von einer starken, leicht nachstellbaren und durchaus betriebs-
sicheren Schutzhaube umgeben sein, damit der Arbeiter beim etwaigen Zerspringen
der Scheibe nicht gefährdet wird. Der Schleifstaub wird unmittelbar unter der
Schleifstelle in das Hohlgestell abgesaugt. Die Schleifscheiben darf man, um
zusätzliche Spannungen zu vermeiden, nicht auf die Welle aufkeilen, vielmehr
werden sie zwischen zwei auf der Welle befestigten Scheiben festgeklemmt. Die
besten Schleifleistungen werden bei 25 bis 35 m/sec Umfangsgeschwindigkeit
erreicht (je nach Durchmesser 500···1600 U/min).

Die kleine Schleifmaschine Abb. 80 u. 81 ist mit einer elastischen Schutzhaube aus gewellten Blechstreifen versehen, die entsprechend dem allmählich
kleiner werdenden Scheibendurchmesser nachgestellt werden können. Vor der

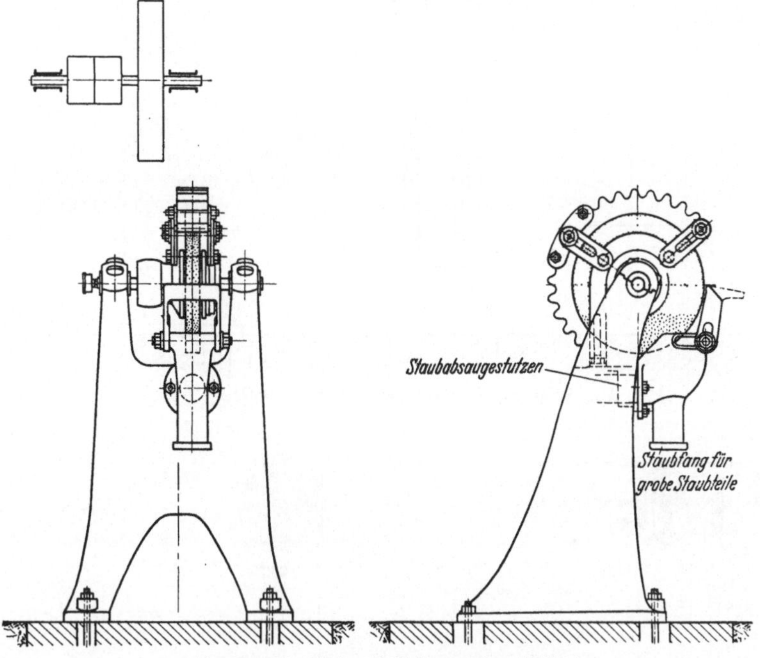

Abb. 80 u. 81. Kleine Schleifmaschine. (BMD.)

Scheibe ist ein Staubauffangtrichter, gleichfalls nachstellbar, vorgesehen, der oben
die Handauflage trägt, während er unten eine Verlängerung besitzt, in der sich
der grobe Schleifstaub ansammelt. Dieser Rohransatz ist durch einen Deckel verschlossen, durch dessen Öffnung der grobe Staub leicht entfernt werden kann.
Das Staubabsaugrohr wird auf der Rückseite des Maschinengestells an den Staub-
fangtrichter angeschlossen. Das Handauflager ist auswechselbar. Zu jeder Maschine werden zwei Auflager mitgeliefert, eins mit schmaler Handleiste und ein
zweites mit einer kleinen ebenen Tischfläche. Angetrieben wird diese Maschine
mit Riemen von der Transmission aus. Statt einer Schleifscheibe können auch
deren zwei auf der Schleifachse zu beiden Seiten des Riemenantriebs angebracht
werden. Die Doppelschleifmaschine Abb. 82 u. 83 hat denselben Aufbau wie
die beschriebene einfache. Zum Abschleifen schwerer und sperriger Gußstücke,
die man von Hand nicht mehr an die Schleifscheiben ortsfester Maschinen heran-
bringen kann, werden hängende Schleifmaschinen benutzt, die an das Werkstück herangefahren werden (Abb. 84 u. 85). Die Schleifvorrichtung ist nach allen

Richtungen hin drehbar, ebenso sind die Aufhängepunkte gelenkartig ausgebildet, so daß die Scheibe ein ziemlich großes Feld bestreicht. Die ganze Maschine hängt

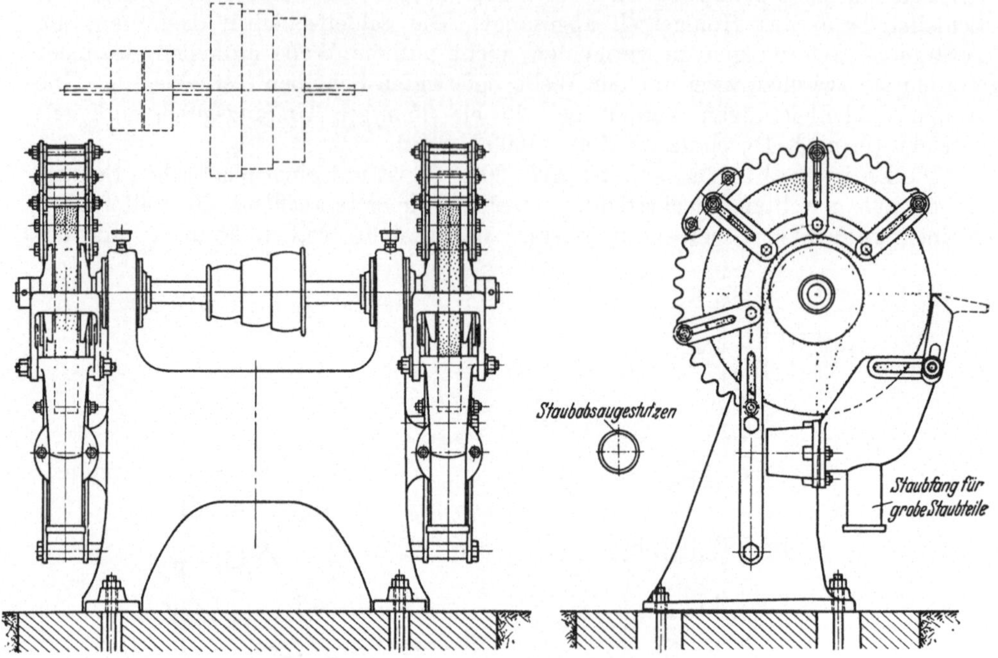

Abb. 82 u. 83. Doppelschleifmaschine. (BMD.)

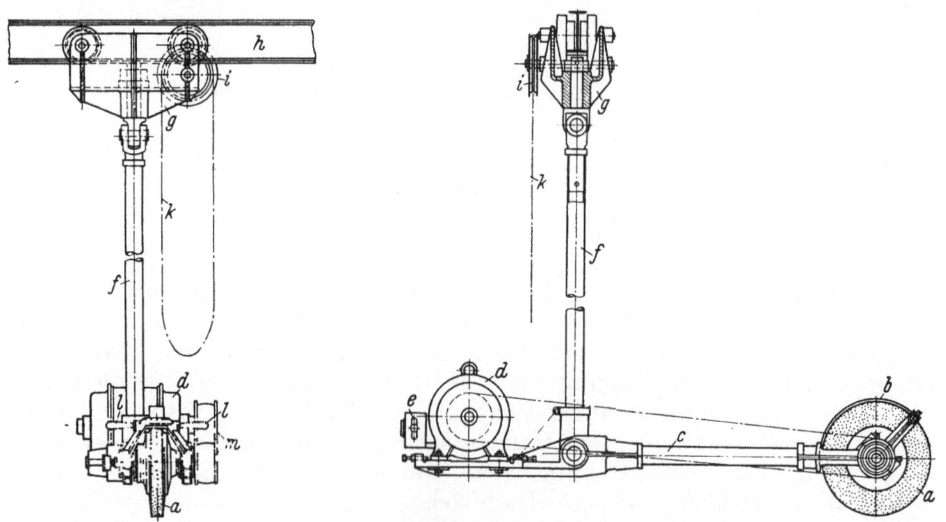

Abb. 84 u. 85. Hängende Schleifmaschine. (BMD.)

a = Schleifscheibe; b = Schutzblech; c = Waagerechter Tragarm; d = Antriebsmotor (3 PS); e = Anlasser für d; f = Hängesäule gelenkig an g und c befestigt; g = Laufkatze; h = Laufkatzenschienenträger; i = Kettenrad; k = Kette zum Betätigen von i; l = Handgriffe zum Betätigen von a; m = Antriebsscheiben.

an einem langen Arm, der an einer Hängebahnlaufkatze befestigt ist, wenn sie elektromotorischen Antrieb hat. Bei Transmissionsbetrieb wird sie von einem an die Decke geschraubten Lagerbock getragen. Besonders zum Abschleifen von

dünnen Graten und kleinen Unebenheiten an schweren Stücken werden **Hand-
schleifmaschinen** benutzt.

Wesentlich für die Schleifscheibe im allgemeinen ist ihr ruhiger Lauf und das
Erhalten ihres Profils. Das Schleifen an den Seiten ist zu vermeiden, hierfür gibt
es besondere Zylinder- oder Topfscheiben. Auch das Unrundwerden muß verhindert werden. Deshalb müssen die Scheiben von Zeit zu Zeit abgedreht werden.
Mineralisch gebundene muß man bei sehr starkem Unrundwerden mit einem
Diamanten abdrehen, während für leichteres Aufrauhen ein Stahlrädchen genügt.
Vegetabilisch gebundene können nur mit Diamant bearbeitet werden, keramisch
gebundene dreht man am besten mit einem Rädchenwerkzeug ab. Die Rädchen
werden aus gehärtetem Werkzeugstahl hergestellt, dessen Walzhaut man nicht
entfernt, weil sie besonders haltbar ist.

C. Putzen mit Säure.

41. Schwefelsäure. Zur Vollendung des Putzens, zum Erzielen einer sauberen
Gußoberfläche werden in den weitaus meisten Fällen Putztrommeln und Scheuer-
fässer, Sandstrahlgebläse verschiedenster Art, Stahlsandstrahler und Wasser-
strahler benutzt. Seltener wendet man das **Beizverfahren** an. Als Beizmittel
dient dabei vorzugsweise **Schwefelsäure**, die so verdünnt wird, daß auf ein
Teil 66proz. Säure 2 Teile Wasser gerechnet werden. Beim Verdünnen muß
man unter dauerndem Umrühren stets die Schwefelsäure vorsichtig und langsam
in das Wasser gießen, keinesfalls umgekehrt, weil die Lösung dann explosionsartig
aufkocht, wodurch leicht schwere Verletzungen hervorgerufen werden können.
Als Behälter werden Tongefäße oder mit Bleiplatten ausgekleidete Holztröge
benutzt. Die Säurelösung ist bei 25 bis 30° am wirksamsten, sie durchdringt die
an der Oberfläche haftende Sandschicht und entwickelt auf dem Gußstück Wasser-
stoff, der die Sandkruste absprengt.

42. Flußsäure hat ein besonders gutes Lösungsvermögen für alle Siliziumver-
bindungen, ohne das Eisen stark anzugreifen. Infolgedessen werden die zumeist
aus Kieselsäure bestehende Gußhaut und der an der Oberfläche der Stücke an-
haftende Formsand von ihr leicht aufgelöst. Allerdings ist bei dem Umgehen
mit Flußsäure größte Vorsicht geboten, denn sie greift Hände und Schleimhäute
stark an, und schon ihre Dämpfe wirken nachteilig auf die Lunge.

Das Putzen mit Säuren ist mit vielen Übelständen verbunden und nicht unge-
fährlich. Es sollte daher nur in den Fällen angewandt werden, wo eine durchaus
sandfreie Gußoberfläche unbedingt verlangt wird.

D. Putztrommeln.

43. Arbeitsweise. Zum Befreien der Gußstückoberfläche von der anhaftenden
Sandkruste auf trockenem Wege werden langsam umlaufende Blechtrommeln
verwendet, in die man die Stücke hineinpackt. Die Umdrehung der Trommel
wirft die Teile durcheinander, wobei sie sich gegenseitig scheuern und den anhaftenden Sand allmählich ablösen. Oft wird die Scheuerwirkung durch Zugabe
von abgeschlagenen Eingüssen oder besonders für diesen Zweck gegossenen stern-
artigen scharfkantigen Hartgußkörpern unterstützt. Dieselbe Trommel darf nur
Stücke von annähernd gleicher Größe enthalten, da sonst die kleinen von den
großen leicht beschädigt werden. Außerdem dürfen sie nur so weit (etwa $^3/_4$)
gefüllt werden, daß noch genügend Raum für das Überstürzen des Inhalts vorhanden ist. Anderseits soll aber auch keine zu kleine Füllung gegeben werden,
damit die Stücke nicht aus zu großer Höhe herunterfallen und zerbrechen. Die
Putztrommeln laufen in Lagern mit axialen Drehzapfen um. Das Putzgut wird

durch am Mantel vorgesehene Öffnungen, die während des Putzens durch Deckel verriegelt werden, eingebracht. In den USA. sind diese Putzmaschinen auch heute noch sehr verbreitet, während sie bei uns gegenüber dem Sandstrahlgebläse erheblich zurücktreten. Der Grund ist, daß man drüben auf das Aussehen des Gusses nicht so großen Wert legt.

44. Bauart und Betrieb. Die Putztrommeln werden gewöhnlich in einer Reihe nebeneinander aufgestellt. Um in der Bedienung unabhängig zu sein, erhält am besten jede Trommel ihren eigenen Antrieb, entweder von einer langen Transmissionswelle aus durch Riemen oder, was einfacher ist, elektromotorisch (Abb. 86 u. 87). Ein starker Eisenblechzylinder von 12 bis 25 mm Wandstärke je nach Trommelgröße ist in zwei Hohlzapfen gelagert, durch die der Putzstaub abgesaugt wird. An der Austrittsseite ist ein Staubabscheider angeordnet, der die groben Staubteile zurückhält. Der Flanschmotor e treibt durch ein Ritzel das große Stirnrad g der ersten Übersetzung. Das kleine Rad der zweiten h ist auf einer Welle i befestigt, die mit der in dem Stirnrad g sitzenden Kupplungsscheibe f verkeilt ist. Es dreht sich daher die Trommel nur so lange, als die Kupplung eingerückt ist. Der abnehmbare Deckel b wird durch Drehriegel fest geschlossen. Andere Bauarten besitzen Klappdeckel mit Schubriegeln und Schneckenantrieb. Wird ein Umschalter

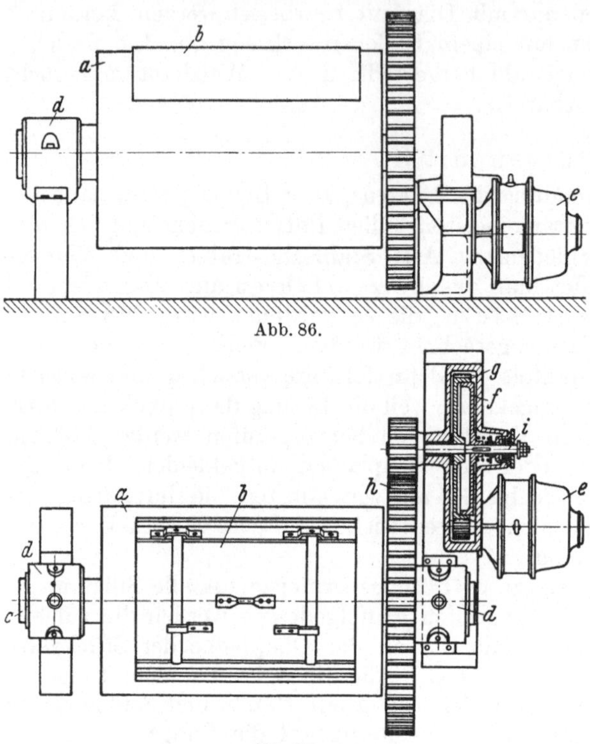

Abb. 86.

Abb. 87.

Abb. 86 u. 87. Putztrommel mit Kupplungsantrieb. (Ausführung: A. Stotz A.-G., Stuttgart.)

a = Trommel; b = Deckel; c = Hohlzapfen; d = Lager; e = Elektromotor; f = Reibungskupplung; g = 1. Übersetzung; h = 2. Übersetzung; i = Kuppelwelle.

vorgebaut, so kann die Drehrichtung geändert werden, was für das Reinigen gewisser Stücke zweckmäßig ist, auch sind kantige Trommeln in Gebrauch, die durch zusätzliche Erschütterungen des Inhalts den Reinigungsvorgang beschleunigen sollen. In manchen Fällen läßt man noch einen Sandstrahl auf das Putzgut in der Trommel wirken, wenn es sich um kleinere Stücke handelt. Der grundsätzliche Aufbau ist bei allen Putztrommeln derselbe. Unterschiede bestehen nur in der Art des Antriebes, des Deckelverschlusses und der Lagerung.

E. Wirkungsweise der Sandstrahlgebläse.

45. Das Verfahren, durch einen Sandstrahl die Gußstücke von der ihnen anhaftenden Sandkruste zu befreien, wurde 1870 zum ersten Male von dem Amerikaner *Tilghman* angewendet, und zuerst von *Alfred Gutmann* in Ottensen bei Hamburg in Deutschland aufgenommen, von wo es im Laufe der Jahrzehnte allmählich in allen anderen Industrieländern eingeführt wurde. Ursprünglich für das Mattieren von Glasgegenständen gedacht, wurde bald die Verwendungsmöglichkeit der Sandbestrahlung zum Reinigen von Metalloberflächen aller Art erkannt und ausgebildet. Je nach Größe und Gestalt der zu putzenden Teile wird sie als Freistrahl-, Drehtisch-, Trommel- und Sondergebläse verschiedener Art ausgeführt. So ergibt sich eine sehr große Zahl von Bauarten, die von den deutschen Gießereimaschinenfirmen in guten und zweckmäßigen Ausführungen geliefert werden. Sie auch nur annähernd vollständig zu behandeln, würde den Rahmen dieser Schrift bei weitem überschreiten. Es sollen daher im folgenden nur einige typische Sandstrahlgebläseformen besprochen werden, deren Auswahl aber keineswegs ein Werturteil darstellen soll: die deutschen Bauarten, die eine fast 70jährige Entwicklung hinter sich haben, können wohl durchweg als einwandfrei bezeichnet werden. Abgesehen von den seit kurzer Zeit herausgekommenen mechanischen Sandstrahlern (S. 55) wird heute der Sand ausschließlich durch Druckluft auf das Gußstück geschleudert, wobei im allgemeinen folgende Drücke üblich sind:

$$
\begin{aligned}
&\text{für kleine Graugußstücke} \dots \dots \dots \dots & 0{,}2 \cdots 1{,}0 \; \text{kg/cm}^2 \\
&\text{,, mittlere Grauguß- und kleine Stahlgußstücke} & 1{,}0 \cdots 1{,}5 \quad \text{,,} \\
&\text{,, Großguß} \dots \dots \dots \dots \dots \dots & 2{,}0 \cdots 4{,}0 \quad \text{,,}
\end{aligned}
$$

Niedrige Drücke bis $1 \, \text{kg/cm}^2$ werden mit Hochdruck-Kreiskolbengebläsen, solche über $1 \, \text{kg/cm}^2$ besser mit Kolbenverdichtern erzeugt.

46. Der Putzsand ist von entscheidender Bedeutung für den Putzerfolg. Er darf keine tonigen Bestandteile enthalten, muß trocken und scharfkantig sein und das Korn soll beim Reinigen von großen Gußstücken und Stahlguß 2 bis 3 mm, von kleinen und mittleren Graugußstücken 1 bis 2 mm Dmr. haben. Seit einigen Jahren wird auch Stahlsand an Stelle des Quarzsandes verwendet, der sich weniger abnutzt, aber teuer ist. In diesem Fall muß aber zu höheren Blasdrücken übergegangen werden, damit die Stahlkörner eine Geschwindigkeit erhalten, die zu einer genügenden Putzleistung ausreicht. Der Blasstaub muß in allen Fällen abgesaugt werden, weil größere Staubmengen im Sandstrahl seine Leistung wesentlich vermindern. Der Trocknung des Blassandes ist besondere Aufmerksamkeit zu widmen, da sich feuchter Sand zusammenballt und die Durchschleuseventile der Druckapparate sowie die Blasvorrichtungen verstopft. Man kann zwar den Blassand mit den Trockenvorrichtungen für Formsand von seiner Feuchtigkeit befreien. Es gibt aber auch besondere Öfen zum Trocknen von Putzsand in waagerechter und senkrechter Ausführung, bei denen die Körnung berücksichtigt wird. Sie sind meist mit einer Koksfeuerung versehen. Der aus dem Ofen fallende Sand wird sofort in das Gebläse gegeben, da heißer Sand den störungsfreien Blasbetrieb insofern begünstigt, als er die etwa noch feuchte Druckluft trocknet.

47. Drei Blassysteme werden zur Erzeugung des Sandstrahls angewandt: das Saug-, Schwerkraft- und Drucksystem (Abb. 88 $\cdots$ 90).

a) Das Saugsystem (Abb. 88) beruht auf der Verwendung einer Saugstrahldüse. Die einströmende Druckluft erzeugt in dem Sandzuführungsrohr einen Unterdruck, wodurch der zufallende Sand in den Luftstrahl gesaugt wird. Dieser bläst ihn auf das darunter auf einen rostartigen Tisch gelegte Gußstück, dann fällt der Sand in den unteren Behälter. Der austretende Sand wird durch ein Becherwerk oder eine andere Fördereinrichtung dem Aufgabebehälter wieder zugeführt. Man kann aber auch ohne Becherwerk auskommen, wenn das Saugrohr nach unten geführt wird, so daß der Sand aus dem unteren Sammelgefäß unmittelbar wieder in die Saugleitung gelangt. Durch diese Anordnung ist zwar ein ununterbrochener Sandstrom erreicht, aber die Ausnutzung der Druckluft läßt zu wünschen übrig und die Blaswirkung ist nicht sehr stark. Daher eignet sich dieses letztere Verfahren besser für das Mattieren von Glas als zum Gußputzen.

b) Beim Schwerkraftsystem (Abb. 89) wird das Ansaugen, das viel Luft verbraucht, dadurch ersetzt, daß man den Sand durch seine eigene Schwere in den Druckluftstrom fallen läßt. Am unteren Ende des kreisenden Düsenarms ist der Blasdüse eine Kammer vorgeschaltet, in der sich Luft und Sand mischen, um dann in ununterbrochenem Strahl durch die Blasdüse auf das Gußstück geschleudert zu werden. Bei diesem System kommt der Sand mit der Luftdüse nicht in Berührung, so daß sie keinem Verschleiß unterworfen ist und der Arbeitsdruck sich nicht ändert.

c) Das Drucksystem (Abb. 90) erfordert einen besonderen Behälter, in dem der Sand unter Druck gesetzt wird. Durch ein von der Druckluftleitung abgezweigtes Rohr tritt die Luft in das Innere des Behälters, der oben durch einen Boden mit Durchschleuseventil abgeschlossen ist. Unten ist ein Drehschieber angebracht, mit dem die Menge des in den Druckluftstrom fallenden Sandes geregelt

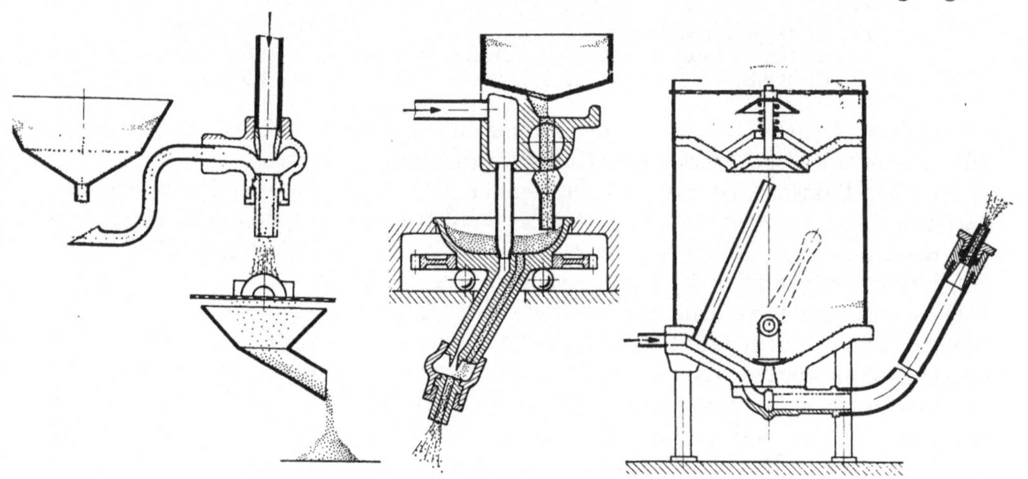

Abb. 88. Saug-System.   Abb. 89. Schwerkraft-System.   Abb. 90. Druck-System.
Abb. 88···90. Sandstrahlgebläse verschiedener Systeme.

wird. Das Luft-Sand-Gemisch tritt durch ein Anschlußrohr mit Schlauch in die Blasdüse. Ist der Sandspiegel im Druckbehälter so weit gesunken, daß neuer Sand eingefüllt werden muß, so wird die Luft abgesperrt und der Sandauslaufschieber geschlossen. Dann öffnet sich das Rückschlagventil, und der durch ein Sieb in den über dem Behälterboden befindlichen Sandsammler gebrachte Sand rutscht in den Druckraum. Stellt man die Druckluft wieder an, so schließt sich das Sandschleuseventil wieder, und nach Öffnen des unteren Drehschiebers kann weitergeblasen werden. Um das Blasen während des Sandnachfüllens nicht unterbrechen zu müssen, wurden Zweikammerapparate gebaut. Während die untere Kammer sich entleert, wird die darüberliegende zweite Kammer in beschriebener Weise mit Sand gefüllt, der durch sein Gewicht das Zwischenventil nach der unteren Kammer öffnet, so daß er sie nachfüllen kann. Es gibt auch Mehrkammerapparate mit selbsttätiger Umsteuerung, die allerdings reichlich verwickelte Mechanismen besitzen. Lieber verwende man Einkammerapparate mit entsprechend großem Fassungsraum, die infolge ihrer einfachen Bauart betriebssicher sind, und wähle selbststeuernde Mehrkammerapparate nur dann, wenn sich ein ununterbrochenes Blasen nicht umgehen läßt. Das Drucksystem arbeitet mit der besten Nutzwirkung und sehr kräftigem Sandstrahl. Eine Glasplatte von 10 mm Stärke wird mit ihm in 20 Sekunden durchgeblasen.

48. Blasdüsen. Von entscheidender Bedeutung für die Wirtschaftlichkeit der Sandstrahlgebläse ist der **Druckluftverbrauch.** Für jeden Betriebsdruck und jede Gebläseart gibt es einen günstigsten Durchmesser der Blasdüse, dessen Bei-

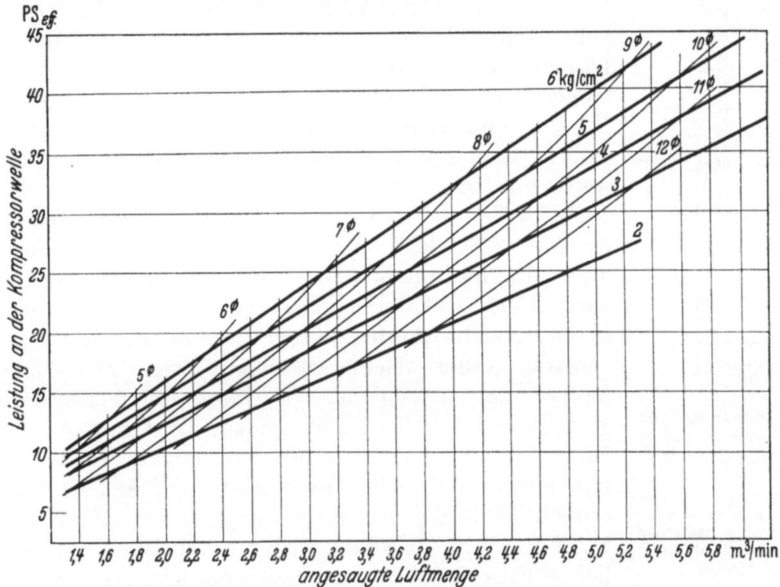

Abb. 91. Luft- und Kraftbedarf der Sandstrahldüsen von 5···12 mm Durchmesser bei Drücken von 2···6 atü, mitgeteilt durch Rhein-Ruhr-Maschinenvertrieb, Essen. (RME.)

behaltung im Interesse eines sparsamen Luftverbrauchs anzustreben ist. In den Kurvenscharen Abb. 91 sind auf Grund eingehender Versuche von *P. Nettmann* die Werte für Luft- und Kraftverbrauch der Sandstrahldüsen von 5···12 mm Durchmesser bei Drücken von 2···6 kg/cm² zusammengestellt. Es zeigt sich, daß z. B. bei 6 kg/cm² Luftdruck und 8 mm Düsendurchmesser der Luftverbrauch von 4,1 auf 5,2 m³/min steigt, wenn sich der Blasdüsendurchmesser nur um 1 mm vergrößert, wodurch eine bedeutende Erhöhung der Betriebskosten herbeigeführt wird. Die üblichen Hartgußdüsen für Druckgebläse (Abb. 92 u. 93) müssen etwa nach 2···3 Stunden Blasdauer ausgewechselt werden. In dieser Zeit nimmt ihr lichter Durchmesser um etwa 2 mm zu, was eben noch vertretbar ist, falls der Luftverdichter so bemessen ist, daß er die entsprechend vergrößerte Luftmenge liefern kann, ohne daß die Luftspannung sinkt; sonst nimmt die Gebläseleistung ab. Jeder Düsenwechsel unterbricht außerdem den Blasbetrieb auf einige Minuten, was nicht nur die Tagesleistung beeinträchtigt, sondern namentlich bei fließender Fertigung den glatten Ablauf der auf das Putzen folgenden Arbeitsstufen empfindlich stört. Es ist also ein Beibehalten des Blasdüsendurchmessers auf längere

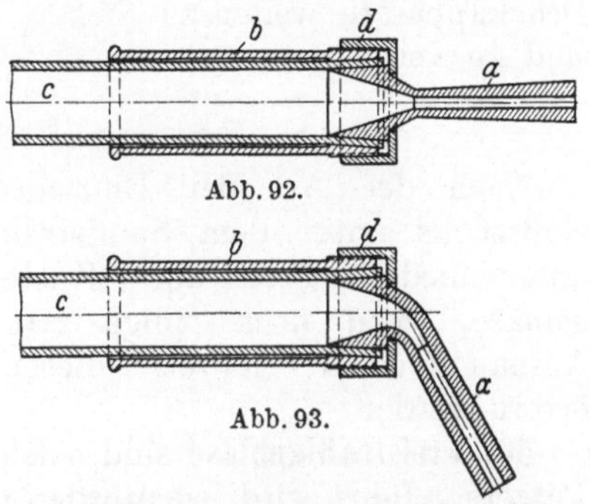

Abb. 92.

Abb. 93.

Abb. 92 u. 93. Blasdüsen aus Hartguß. (BMD.)
a = Düse; b = Strahlrohr; c = Schlauch; d = Überwurfmutter.

Zeit auf jeden Fall anzustreben, was durch die verschleißfeste Dura-Düse Abb. 94 erreicht ist. Sie besitzt ein Futter aus Wolframkarbid, das unter Zwischenschaltung einer weichen Umhüllung zur Aufnahme der Stöße von einem Stahlrohrmantel umgeben ist und oben durch einen Ringdeckel aus weichem Stahl festgehalten wird. Durch Flansch und Überwurfmutter wird die Düse mit dem Düsenhalter fest verbunden. Um den Eintrittsteil des Düsenfutters zu schonen und seine Lebensdauer zu verlängern, ist ein gehärteter Stahlkegel lose davor gesetzt. Es wird eine Mindestlebensdauer von 500 Blasstunden gewährleistet. Da während einer Blasstunde sich die Düsenweite nur um 0,004 mm vergrößert, nutzt sich die Dura-Düse in 500 Stunden nicht mehr ab als eine Hartgußdüse in etwa 2 Stunden. Tatsächlich beträgt aber die Lebensdauer durchschnittlich 800···1000 Stunden, wiederholt sind sogar 1500···3000 Betriebsstunden mit demselben Düsenfutter erreicht worden. Trotz des erheblich höheren Preises arbeiten daher solche verschleißfesten Düsen wesentlich billiger als gewöhnliche, wie durch Betriebsversuche festgestellt worden ist. Dabei spielen nicht nur ihre bleibende Maßhaltigkeit, sondern auch der Fortfall des Auswechselns mit dem damit verbundenen Zeit- und Arbeitsverlust eine erhebliche Rolle. Auch für Sauggebläse haben sich Dura-Mischdüsen gut bewährt, wobei der Durchmesser der eigentlichen Frischluftdüse und nicht der viel größere der Mischdüse für den Luftverbrauch bestimmend ist. In diesem

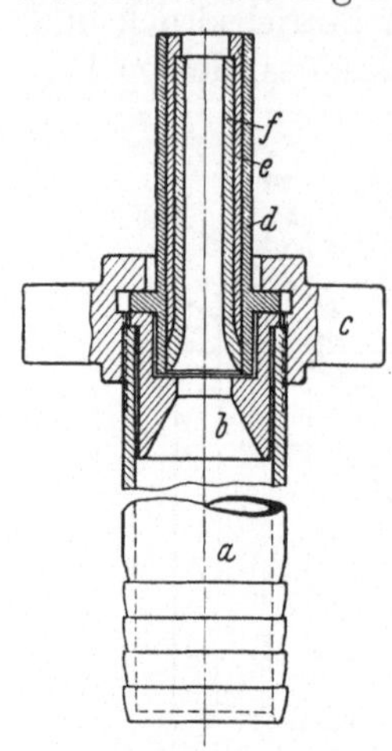

Abb. 94. Verschleißfeste Dura-Düse mit auswechselbarem Eintritts-Stahlkegel. (Ausführung: RME.)

a = Düsenhalter; b = Vorgesetzter Stahlkegel; c = Überwurfmutter; d = Stahlmantel; e = Weiche Umhüllung; f = Hartfutter.

Fall sind die Schaubildwerte um 15···20% zu vergrößern, da der Verbrauch reiner Luft selbstverständlich größer ist als bei Sand-Luft-Gemischen.

49. Wasserabscheider sind in der Nähe der Sandstrahlgebläse vorzusehen, damit kein Wasser mit der Preßluft in die Gebläse gelangen kann, da feuchter Sand die Düsen und Druckluftapparate verstopft. Die Leitung vom Druckluftwindkessel soll mit etwas Steigung nach den Sandblasmaschinen zu verlegt werden, damit etwa mitgerissene Wasserteilchen nicht das Bestreben haben, in Richtung der Druckapparate weiter zu fließen. Auch Wassersäcke in den Druckluftleitungen sind zu vermeiden.

F. Bauarten der Sandstrahlgebläse.

Nach der Art der Einrichtungen zum Vorbeiführen des zu putzenden Gußstücks unter dem Sandstrahl oder umgekehrt werden folgende Gruppen unterschieden: Freistrahl-, Kasten-, Trommel-, Drehtisch- und Sprossentischgebläse, wozu noch einige Bauarten für besondere Zwecke hinzukommen. Aufbau und Arbeitsweise dieser Maschinen sollen an einigen Beispielen erörtert werden.

50. Freistrahlgebläse sind solche, bei denen die Blasdüse von der Hand des Putzers geführt wird; sie werden meist dann benutzt, wenn Gewicht oder Gestalt der zu reinigenden Gußstücke ihre mechanische Zuführung nicht gestatten. In seiner einfachsten Form besteht ein Freistrahlgebläse aus einem Druckapparat (vgl. Abb. 90), an den die Blasdüse mit einem langen Schlauch angeschlossen ist. Der austretende Sandstrahl wird vom Putzer über die Oberfläche des zu reinigenden Stückes hingeleitet. Trotzdem dabei die zu putzenden schweren Gußteile auf einem Putzrost (vgl. Abb. 76) mit Staubabsaugung stehen, läßt es sich doch nicht vermeiden, daß durch den Rückprall zertrümmerter Sandkörner die Atmungsorgane des Putzers in Mitleidenschaft gezogen werden; er muß also bei seiner Arbeit einen Schutzhelm tragen, was lästig ist, besonders wenn das Putzen, wie bei großen Stücken, lange dauert. Auch die in der näheren Umgebung arbeitenden Leute sind durch den Staub gefährdet und der Blassand kann nicht wieder benutzt werden, da er mit dem Schutt verloren geht. Um alle diese Unzuträglichkeiten zu vermeiden, führte man Putzhäuser ein, bei denen der Putzer der Einwirkung des Blassandes entzogen und ein Wiedergewinnen des gebrauchten Putzsandes ohne weiteres möglich ist (Abb. 95). Der die Blasdüse führende Arbeiter steht außerhalb des Hauses und leitet

den Putzstrahl durch eine waagerechte Schiebetür, die entsprechend dem Bedarf mehr oder weniger geöffnet werden kann, auf das Gußstück. Es liegt entweder unmittelbar auf einem gelochten Drehboden oder auf einem Wagen, der auf den Boden geschoben und durch Betätigen eines Fußhebels von außen nach Bedarf weitergedreht wird, damit alle Seiten der zu reinigenden Teile dem Sandstrahl ausgesetzt werden können. Der gebrauchte Sand fällt durch die gelochten Abdeckplatten und Siebe in eine Förderschnecke, die ihn einem Sandbecherwerk zuführt. Letzteres hebt ihn in einen Vorratsbehälter, wobei er durch Windsichtung und ein mechanisch bewegtes Grob- und Feinsieb von Staub und Unreinigkeiten befreit wird. Aus diesem Behälter fällt der Sand dem Druckapparat zu.

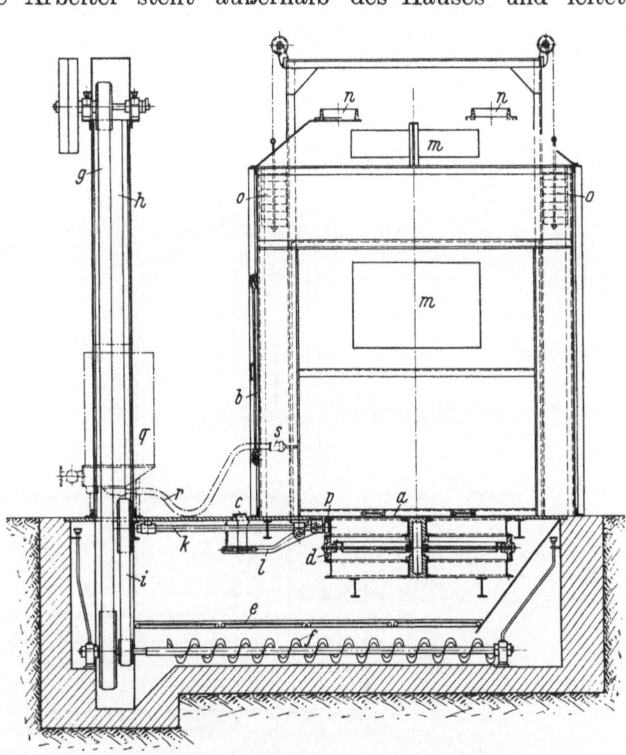

Abb. 95. Putzhaus mit Drehscheibe. (BMD.)

a = Drehscheibe mit Siebrost; b = Schiebetür; c = Fußtritt zum Betätigen der Drehscheibe a; d = Tragrollen der Drehscheibe; e = Siebe; f = Förderschnecke; g = Becherwerksantrieb; h = Becherwerk; i = Schneckenantrieb; k = Drehscheibenantriebswelle; l = Andrückhebel für p; m = Fenster; n = Staubabsaugung; o = Gegengewichte für das Bewegen der Blashaustür; p = Reibrolle zum Bewegen von a; q = Druckapparat; r = Blasschlauch; s = Blasdüse.

Zum Ein- und Ausbringen der Gegenstände dienen senkrecht bewegliche Schiebetüren mit Gewichtsausgleich, an deren Stelle auch eiserne Wellblechjalousien oder Doppelflügeltüren treten können. Das Innere wird zweckmäßig durch eine künstliche Lichtquelle erleuchtet. Zum Anschluß der Staubabsaugeleitungen sind auf dem Putzhausdach 2 Stutzen vorgesehen. Bei großen Putzhäusern kann man den Staub auch nach unten absaugen lassen und das Dach zum Einbringen der Putzstücke mittels Kran ausfahrbar machen. Saugstrahlgebläse kommen wegen ihrer wenig kräftigen Wirkung für Freistrahlgebläse der beschriebenen Art nicht in Frage.

Der Sandstrahlapparat Abb. 96 besteht aus Druckfreistrahlgebläse, Putzkammer und halb ausgebauter Drehscheibe; er arbeitet grundsätzlich ähnlich wie
ein Putzhaus und eignet sich namentlich zum Reinigen mittelgroßer, nicht zu
schwerer Gegenstände, für die ein Putzhaus aber nicht erforderlich ist. Die durchlöcherte Drehscheibe wird von Hand bewegt und besitzt eine feste senkrechte
Mittelwand. Der Strahlrohrführer schiebt durch einen aus Lederstreifen bestehenden Vorhang die Blasdüse in das mit Tiefstrahllampen erleuchtete und durch mehrere Schauöffnungen zu beobachtende Innere des Putzraums. Der entstehende
Putzstaub wird durch zwei seitliche Stutzen abgesaugt. Ein zweiter Bedienungsmann legt die Gußstücke auf den herausragenden Drehscheibenteil, wendet sie

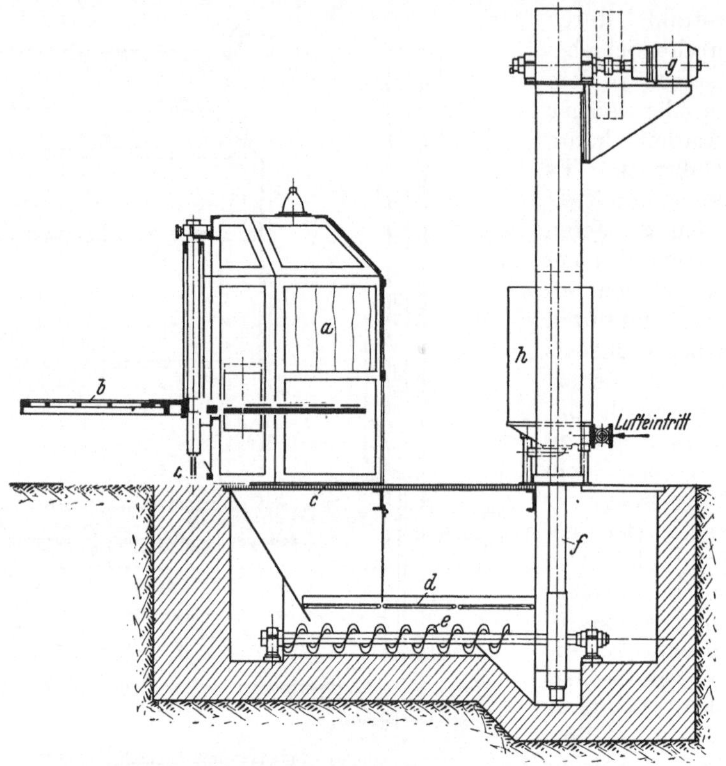

Abb. 96. Freistrahlputzkammer mit Drehscheibe. (BMD.)

a = Putzgehäuse; b = Drehscheibe; c = Rost; d = Siebe; e = Förderschnecke; f = Becherwerk;
g = Antriebsmotor (1 PS); h = Druckapparat.

und nimmt sie nach dem Reinigen wieder ab, er besorgt auch das Drehen der
Scheibe. Auch hier fällt der gebrauchte Sand durch die Scheibenlöcher und ein
Sieb in eine auf dem Boden der Fundamentgrube vorgesehene Förderschnecke,
die ihn in das Becherwerk aufgibt. Von hier gelangt er in derselben Weise wie
beim Putzhaus in den Druckapparat zurück (übliche Drehscheibendurchmesser
1800 und 2300 mm bei einer Tischdurchgangshöhe von 1000 mm).

51. Kastengebläse (Abb. 97) benutzt man zum Putzen kleiner handlicher
Stücke. Sie ähneln in ihrer Arbeitsweise ebenfalls den Blashäusern, nur ist der
Blasapparat mit der Putzkammer zu einer Einheit verbunden. Der Innenraum
ist durch Mantelöffnungen zugänglich, die durch Lederklappen verschlossen sind,
und kann durch Fenster beobachtet werden. Eine feste Sanddüse bläst entweder
von unten nach oben oder umgekehrt. Der Sandbehälter des Druckapparates ist

vom Blaskasten durch einen siebartigen Zwischenboden getrennt, während der Blasstaub durch einen Stutzen auf dem Gehäusedeckel abgesaugt wird. Solche kleinen Apparate werden auch nach dem Saugsystem betrieben. Die Düse bläst dann nach unten und der Sandumlauf erfolgt ununterbrochen (Abb. 98). Man kann auch eine kleine Drehscheibe einbauen, um das Umgehen mit dem Putzgut zu erleichtern. Außerdem kann die Blasdüse an einem kurzen Schlauchstück befestigt werden, an dem sie von oben herunterhängt und von Hand hin- und herbewegt wird.

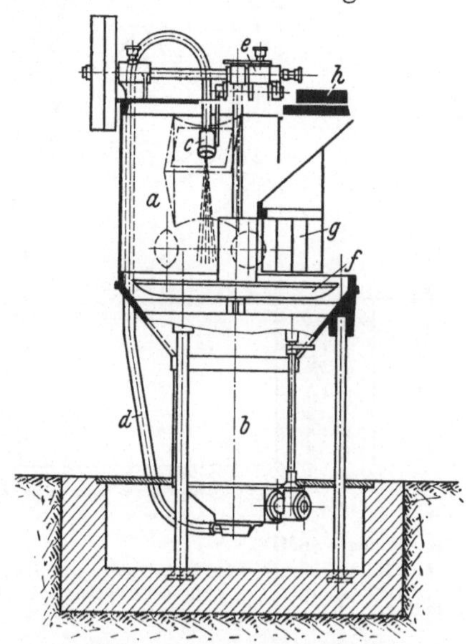

Abb. 97. Kastengebläse. (BMD.)

a = Gebläsekasten; b = Druckapparat; c = Blasdüse; d = Drucksandleitung; e = Drehtischantrieb; f = Drehtisch; g = Gummivorhänge; h = Staubabsaugung.

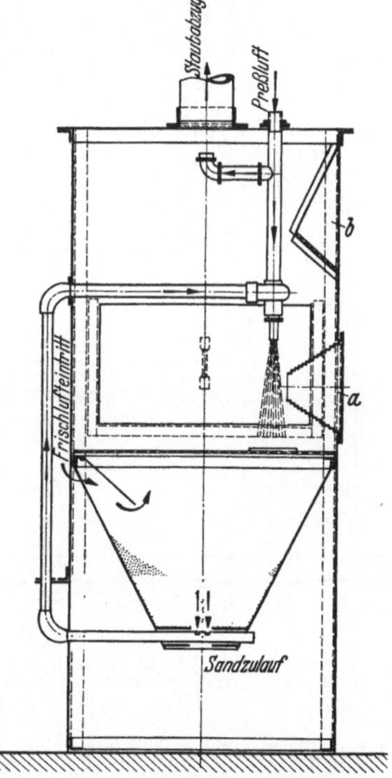

Abb. 98. Kastengebläse mit Saugsystem. (BMD.)

a = 2 Handöffnungen; b = Schauöffnung.

52. Trommelgebläse haben sich mehr und mehr zum Putzen von Kleinguß eingeführt, weil sie den Putzvorgang gegenüber den gewöhnlichen Trommeln beschleunigen und seine Wirkung verbessern. Dabei kommt es weniger auf das Scheuern selbst an als auf das Bestreben, durch eine langsame Trommeldrehung den Guß so umzuwälzen, daß er allseitig vom Sandstrahl getroffen wird. Eine von den vielen Bauarten dieser Sandstrahlgebläsegruppe (Abb. 99 u. 100) möge ihre Arbeitsweise erklären. Dieses Gebläse ist mit feststehenden Blasdüsen nach dem Drucksystem ausgerüstet, die von beiden Stirnseiten in die auf Rollen gelagerte, von einem Blechgehäuse umgebene Putztrommel hineinblasen. Zwei durch Exzenter bewegte Klinken setzen die Trommel ruckweise in Umdrehung, so daß sie in der Minute etwa einmal umläuft. Der Putzsand fällt durch den gelochten Trommelmantel in an die Trommelböden angebaute Schaufelräder, die ihn mit nach oben nehmen und in die neben der Trommel stehenden beiden Druckapparate befördern, von wo er wieder in die Blasdüsen gelangt. Durch die stoßweise Bewegung der Trommel in Verbindung mit dem durch besondere Leitschaufeln hervorgerufenen Hin- und Herwandern der Werkstücke wird eine gleichmäßige Putzwirkung erreicht. Zum Abheben des Trommelverschlußdeckels dient eine besondere Hubvorrichtung mit Selbstsperrung. Entleert und gefüllt wird die Trommel

mechanisch mittels Förderwagen, zu deren Betätigung eine von der Maschine
selbst angetriebene Hubvorrichtung vorgesehen werden kann.

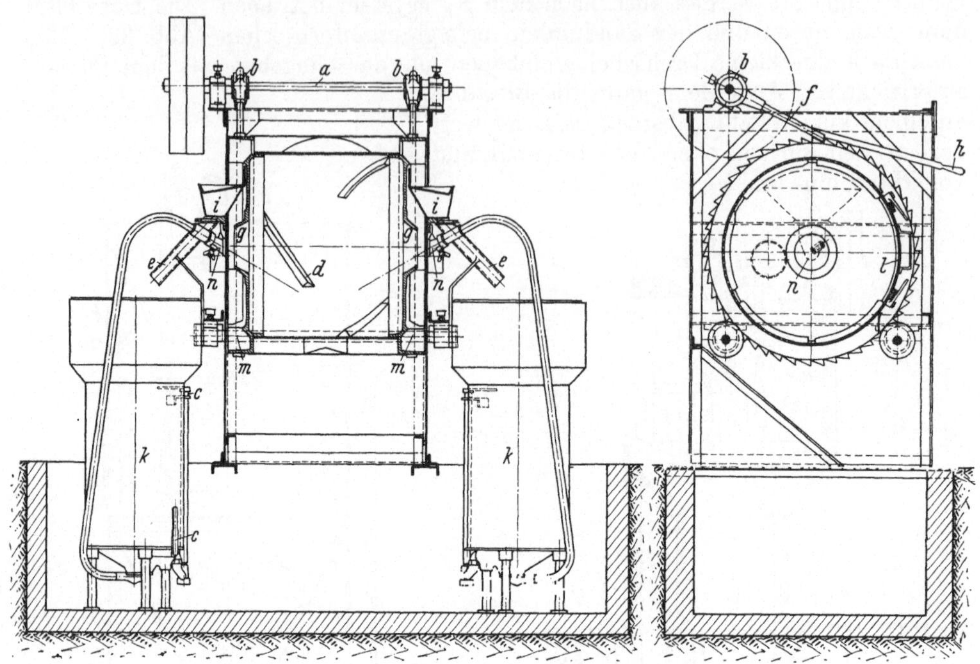

Abb. 99 u. 100. Sandstrahlgebläsetrommel. (BMD.)

a = Hauptantrieb; b = Exzenterklinken; c = Steuerhebel; d = Leitstücke; e = Sandausläufe; f = Klinke;
g = Blasöffnung; h = Ausklinkhebel; i = Sandbehälter; k = Druckapparat; l = Trommeldeckel; m = Hub-
schaufeln; n = Blasdüse.

Weitere Bauarten werden durch hin- und hergehende Düsen, schrägliegende
Trommeln, Doppelkammern, axialen Durchgang des Putzgutes, Anwendung des
Saugsystems usw. gekennzeichnet.

53. Die Drehtischgebläse zählen zu den verbreitetsten Sandblaseinrichtungen,
weil sie einfach in Bedienung und Betrieb sind und für die meisten Gußstücke
mittlerer Größe benutzt werden können. Ihr grundsätzlicher Aufbau ist bei den
Ausführungen der verschiedenen Firmen ziemlich derselbe, wesentliche Unterschiede bestehen nur in der Art des Sandstrahlerzeugers sowie in der baulichen
Anordnung der Blasdüsen und ihres Antriebes. Die Schwierigkeit liegt bei dieser
Gebläseart darin, eine gleichmäßige Bestrahlung des auf dem Drehtisch unter den
Düsen vorbeigeführten Putzgutes zu erreichen, da die Geschwindigkeit der umlaufenden Tischoberfläche vom Umfang nach der Mitte zu abnimmt. Die außen
befindlichen Stücke laufen daher schneller durch den Sandstrahl als die mehr nach
innen liegenden. Die Tischmitte bis etwa 600 mm Durchmesser läßt man überhaupt nicht bestrahlen, da sie schlecht zugänglich ist. So erstreckt sich die Wirkung des Sandstrahls über eine Ringfläche und die Blaswirkung wird um so gleichmäßiger, je kleiner das Verhältnis zwischen ihrem äußeren und inneren Durchmesser ist. Daher empfiehlt es sich, nicht zu kleine Tischdurchmesser zu nehmen.
Um trotz der verschiedenen Geschwindigkeiten von jeder Düse einen inhalts-
gleichen Teil der Tischoberfläche bestreichen zu lassen, werden meist kreisende
Blasdüsen benutzt, die durch elliptische Zahnräder angetrieben werden. Es wird
bei den Drehtischen das Saugsystem nur selten angewendet, das sich wegen der
geringen Pressung des Sandstrahls von 600···800 mm Wassersäule nur da eignet,

wo die Sandkruste nicht zu fest am Gußstück haftet, wie z. B. beim Topfguß; sonst müssen höhere Drücke angewendet werden. Die Drehtische sind mit auswechselbaren eisernen Rosten abgedeckt. Der Blasvorgang spielt sich in einem kastenartigen Gehäuse ab, aus dem der Tisch zur Hälfte herausragt. Die Gehäuseöffnung mit 300···400 mm Durchgangshöhe ist durch einen Vorhang aus Lederstreifen abgeschlossen. Der Drehtisch wird dicht mit Werkstücken belegt, um die Leistungsfähigkeit des Gebläses gut auszunutzen. Nach dem Durchgang durch den Sandstrahl werden die Stücke gewendet, um die andere Seite zu putzen. Ist ein Stück sauber, so wird es abgenommen und durch ein ungeputztes ersetzt. Der gebrauchte Putzsand fällt durch die Tischroste in einen Sammelbehälter, aus dem er meist mit einem Becherwerk erneuter Verwendung zugeführt wird. Die Blaskammer ist an die Staubabsaugleitung angeschlossen.

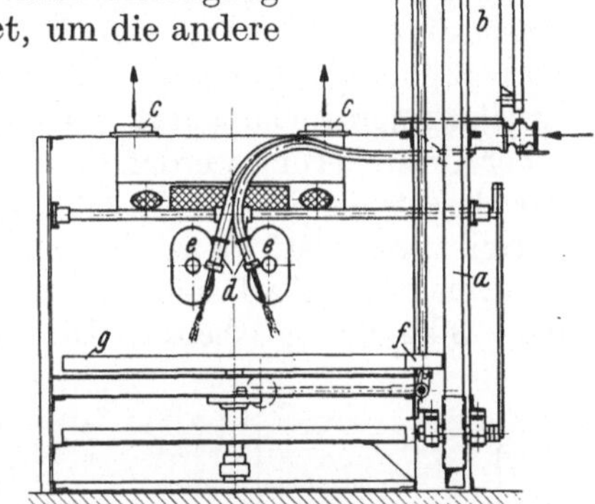

Abb. 101. Sandstrahlgebläse. Drehtisch mit Freistrahldüse. (BMD.)

a = Becherwerk; b = Druckapparat; c = Entstaubungsstutzen; d = Düsen; e = Handöffnungen; f = Reibrolle; g = Drehtisch.

Das Drehtischgebläse Abb. 101 mit von Hand bewegter Freistrahldüse arbeitet nach dem Drucksystem und ist zum Reinigen kleinerer Stücke bestimmt. Sie können einzeln von Hand abgeblasen werden, was besonders für stark und ungleichmäßig angebrannte Teile mit vielen Kernen vorteilhaft ist. An Stelle der Freistrahldüsen können auch mechanisch bewegte Druckdüsen eingebaut werden. Es ist auch möglich, beide Düsenarten zu ver-

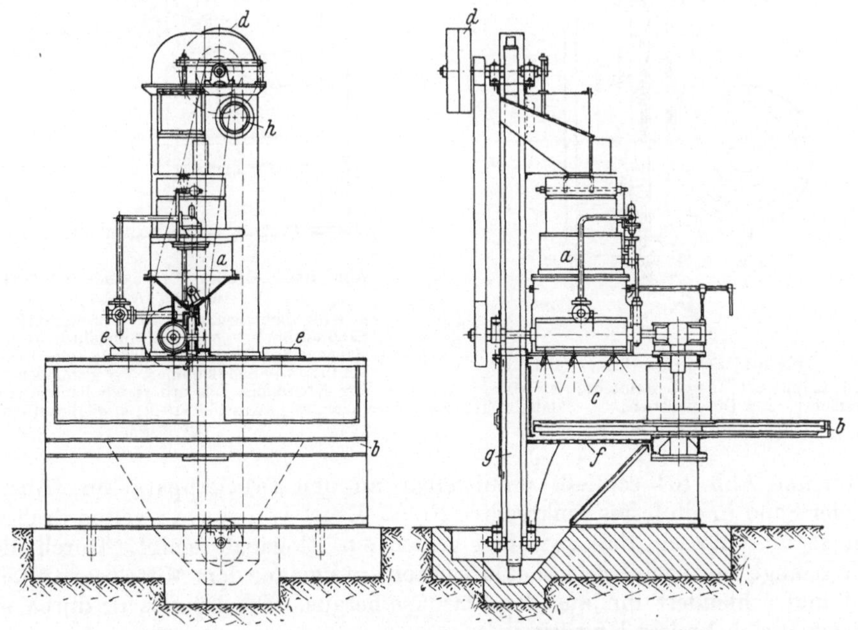

Abb. 102 u. 103. Drehtischgebläse mit Schwerkraftdüsen. (BMD.)

a = Druckapparat; b = Drehtisch; c = Blaskammer; d = Antrieb; e = Staubabsaugung; f = Sieb; g = Becherwerk; h = Windsichtungsanschluß.

einigen, so daß je nach Bedarf von Hand oder mechanisch bestrahlt werden kann. Der gebrauchte Sand wird, nach dem Durchgang durch ein unter dem Drehtisch befindliches Sieb mit Hilfe eines besonders gestalteten Mitnehmers einem Becherwerk zugeführt. Letzteres wirft ihn in einen Vorratsbehälter, aus dem er wieder in den Druckbehälter fließt, nachdem er nochmals gesiebt und entstaubt wurde.

Das Sandstrahlgebläse mit Drehtisch und schlauchlosen Schwerkraftdüsen Abb. 102 u. 103 eignet sich besonders zum Putzen von Stahlguß. Die Tischoberfläche wird durch schlauchlose Sandblasdüsen bestrahlt, denen durch ein Becherwerk der gebrauchte Sand selbsttätig wieder zugeführt wird. Sie sind radial über dem Drehtisch angeordnet, führen eine kreisende Bewegung aus und blasen in einem Winkel von oben auf das vorbeiziehende Putzgut. Durch einen Zweikammerdruckapparat mit mechanischer Umsteuerung werden die Düsen von der Tischwelle aus, die auch die Düsen antreibt, gespeist. Es wird je nach der zu reinigenden Gußart mit Druckluft von $0{,}5\cdots3$ kg/cm² gearbeitet. Die Schwer-

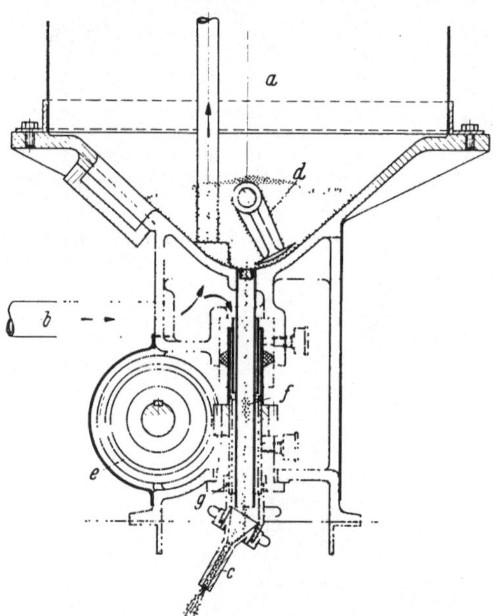

Abb. 104. Schwerkraftdüse. (BMD.)

a = Druckapparat; b = Lufteintritt; c = Düse; d = Sandschieber; e = Düsenantrieb; f = Sandfallrohr; g = Luftrohr.

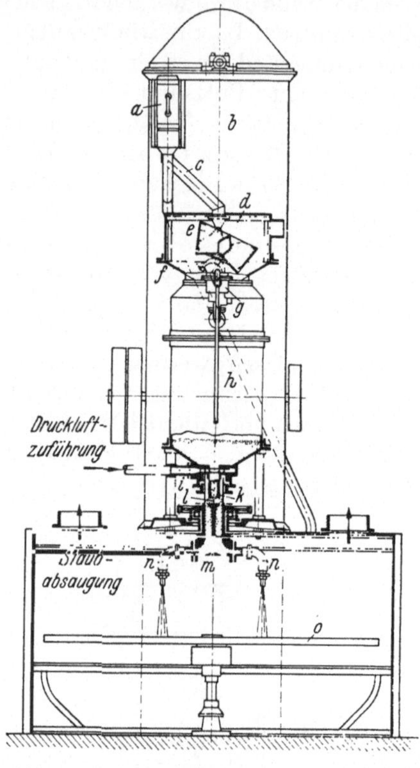

Abb. 105. Großes Drucksandstrahl-Drehtisch-Gebläse. (Agag.)

a = Staubabscheidung; b = Becherwerk; c = Sandfallrohr; d = Sandsammelbehälter; e = Kippgefäß; f = Umschalthebel; g = Umschaltventil; h = Sandkammer; i = Sandauslaufrohr; k = Kreisendes Düsenrohr; l = Sandverteilungsteller; m = Anschlußstück; n = Blasdüsen; o = Drehtisch.

kraftdüse Abb. 104 schließt unmittelbar an den Druckapparat an. Aus ihm fällt der Sand in ein festes senkrechtes Rohr. Es ist von einem zweiten drehbaren Rohr so umschlossen, daß zwischen beiden ein Ringspalt bleibt. Durch diesen Spalt gelangt die zugeführte Druckluft unten auf den aus dem Mittelrohr tretenden Sand und schleudert ihn aus der Blasdüse heraus. Die Düse wird durch einen Schneckentrieb kreisend bewegt.

Der Drucksandstrahl-Drehtisch Abb. 105 arbeitet auch hinsichtlich der Sandzuführung ganz selbsttätig. Beim Arbeitsbeginn wird der Preßlufthahn aufgedreht und beim Arbeitsende geschlossen, sonst beschränkt sich die Bedienung auf das Ein- und Ausrücken des mechanischen Antriebes sowie das Auflegen und

Abnehmen der zu putzenden Teile. Über eine Staubsichtung fördert das Becherwerk den gebrauchten Sand durch ein Abfallrohr in ein zweikammeriges Kippgefäß, auf dessen Drehwelle ein Umschalthebel befestigt ist. Abwechselnd füllt sich nun die eine oder andere Gefäßkammer mit Sand. Die jeweils volle Kammer kippt über, da ihr Gewicht größer ist als das der leergelaufenen. Dabei macht der gebogene Umschalthebel eine langsame, pendelnde Bewegung und betätigt dadurch das Umschaltventil des Druckapparates, dessen obere Kammer es abwechselnd mit der Druckluftzuleitung und der Außenluft verbindet. Infolge dieser Schaltwechsel füllt sich die obere Kammer des Druckapparates in regelmäßigen Zwischenräumen mit Sand, der dann in die untere Kammer gelangt. Durch das unten angeschlossene Sandauslaufrohr wird der Sand in das kreisende Düsenrohr ge

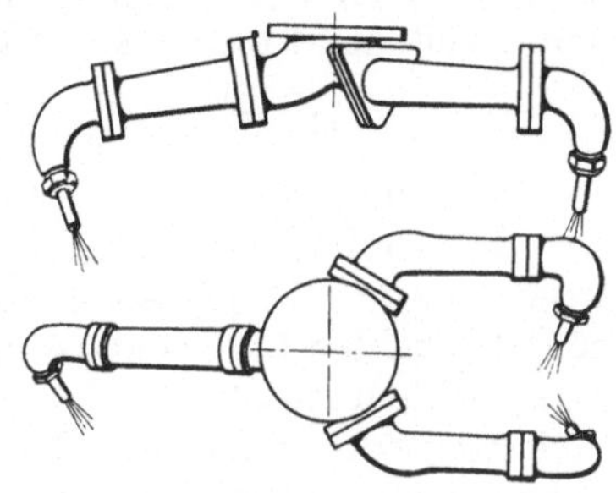

Abb. 106. Blasdüsenanordnung. (Agag.)

drückt und fällt auf den eingebauten Verteilungsteller. Solange der Tisch umläuft, dreht sich auch das Düsenrohr und der Sand rieselt gleichmäßig vom Verteilungsteller durch das Düsenanschlußstück in die Blasdüsen. Setzt man den Drehtisch still, so hört, da Düsen und Tisch einen gemeinsamen Antrieb haben, auch der Sandzulauf auf. Es bildet sich dann zwischen dem Sandteller und dem Sandauslaufrohr ein kleines Sandhäufchen, das den Sandauslauf abschließt. Der Drehtisch wird durch einen Zahnkranz angetrieben, das Düsenrohr durch unrunde Zahnräder. Um auch die seitlichen Flächen der Gußstücke mit dem Sandstrahl wirksam zu bestrahlen, sind die Düsen unter verschiedenen Winkeln schräg angeordnet (Abb. 106).

54. Das Sandstrahlgebläse mit Sprossentisch Abb. 107 dient dem Putzen von langen Teilen, wie Radiatoren, Rippenrohren, Heizkesselgliedern und ähnlich gestalteten Gußwaren. Es besitzt zwei langsam umlaufende endlose Gummibänder, auf denen Eisenstäbe befestigt sind. Zwischen ihnen blasen von oben nach unten und umgekehrt

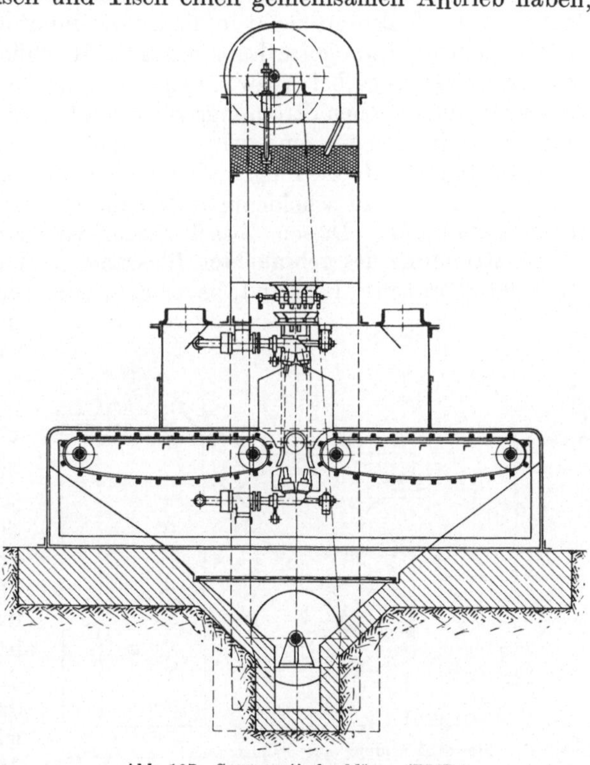

Abb. 107. Sprossentischgebläse. (BMD.)

senkrecht zur Tischbewegungsrichtung schwingende Schwerkraftdüsen, so daß das Stück gleichzeitig von beiden Seiten bestrahlt wird. Ist außerdem noch ein seitliches Bestrahlen der durchlaufenden Stücke erwünscht, so können noch zwei feste Blasdüsen an beiden Seiten angeordnet werden. Alle Teile werden von der oben neben dem Becherwerk angeordneten Riemenscheibe aus angetrieben. Blaseinrichtung, Rückförderung des Sandes usw. sind dieselben wie bei den Drehtischgebläsen. Solche Sprossentische werden auch mit durchlaufendem Förderband gebaut. Dann kann aber nur von oben geblasen werden und das Putzgut muß nach einem Durchgang wieder an die Aufgabeseite gebracht, gewendet und zum zweitenmal durch die Maschine geschickt werden.

G. Entstaubung der Sandstrahlgebläse.

Nicht nur mit Rücksicht auf die Gesundheit der Putzer ist die Beseitigung des Blasstaubes unbedingt notwendig, sondern der feine Staub muß auch deswegen aus dem Gebläsesand entfernt werden, weil er wenig wirksam ist und, wenn er mit feuchter Luft oder Öl in Berührung kommt, Düsen und Leitungen besonders leicht verstopft. Es kann aber der Exhaustor natürlich nur dann die Luft und damit den Staub aus den Blaskammern und Gehäusen absaugen, wenn die abbeförderte Luftmenge von außen in den Putzraum nachströmen kann. Daher muß immer für ausreichende Öffnungen in den Blasräumen gesorgt werden, die einen genügenden Luftersatz ermöglichen.

55. Zum Absaugen des Staubes dienen fast ausnahmslos Exhaustoren, deren Flügelräder durch ihre hohen Drehzahlen Luftverdünnung erzeugen. Mit ihnen werden die Staub entwickelnden Räume durch Rohrleitungen aus Eisenblech verbunden. Die Außenluft sucht in die luftverdünnten Räume nachzuströmen, wobei sie die staubgeschwängerte Luft mitreißt. Reichlich bemessene Rohrquerschnitte, stoßfreie Übergänge bei Abzweigungen und große Halbmesser der Krümmer verringern die natürlichen Strömungswiderstände und halten den Druckabfall niedrig, eine Vorbedingung für eine wirksame und wirtschaftliche Entstaubung. Da der scharfkantige Staub die Flügelräder des Exhaustors stark verschleißt, muß durch Vorschalten von Ausscheideapparaten dafür gesorgt werden, daß die Räder in reiner Luft laufen. Diesem Zweck dienen verschiedene Einrichtungen.

56. Reinigung des gebrauchten Blassandes. Wie bereits oben ausgeführt, muß auch der gebrauchte Blassand, bevor er wieder verwendet wird, gereinigt werden, da er sonst durch Staub, Formsand, Kernmasse, Kohlenteilchen und bisweilen auch Formstifte mehr und mehr verunreinigt wird. Dadurch wird aber nicht nur die Gebläseleistung sehr verschlechtert, sondern auch die Staubentwicklung unnötig vergrößert. Deshalb wird jedes Sandstrahlgebläse zweckmäßig mit einer besonderen Entstaubungsanlage versehen, von der das Schema Abb. 108 ein Beispiel darstellt. Die Staubabscheidung wird im allgemeinen an den oberen Auslauf des Becherwerks angeschlossen. Der dort austretende Sand rieselt über schräge Flächen nach unten, wobei er von einem

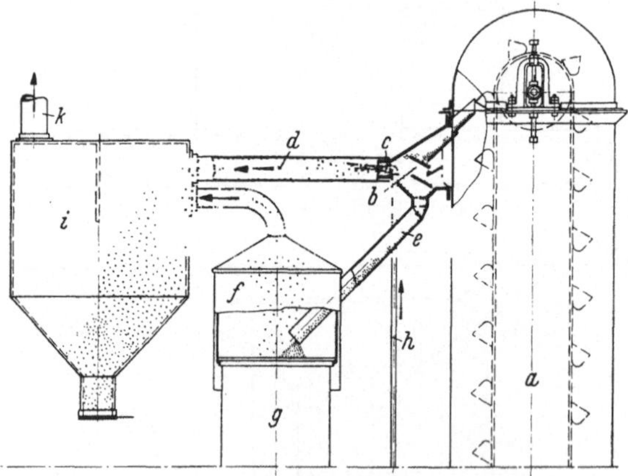

Abb. 108. Staubabscheidung für Sandstrahlgebläse. (Agag.)
a = Becherwerk; b = Staubabscheider; c = Luftdüse; d = Staub; e = Reiner Blassand; f = Staubhaube; g = Sandstrahlgebläse; h = Luftzuführung; i = Staubsammler; k = Sauganschluß.

Luftstrom, den eine Luftdüse erzeugt, durchlüftet wird. Staubteilchen und leichte Beimengungen werden vom Luftstrom mitgerissen und in den Staubkasten befördert, während der gereinigte Blassand über eine schräge Rinne in den Druckapparat zurückgelangt. Letzterer besitzt eine Staubhaube, aus der etwa noch vorhandene Staubreste gleichfalls in den Staubsammler gesaugt werden.

H. Mechanische Sandstrahler.

Schon bald nach der Einführung des Gußputzens durch Sandstrahlgebläse wurde versucht, die Beschleunigung des Sandes auf mechanische Weise zu erreichen. Zu einer befriedigenden Lösung ist es aber damals nicht gekommen, besonders deshalb, weil die zur Verfügung stehenden Werkstoffe der scheuernden Wirkung des Sandes nicht widerstehen konnten und auch sonst für die erforderlichen großen Geschwindigkeiten der Schleuderorgane nicht geeignet waren. Erst in den letzten Jahren hat man den Gedanken erfolgreich wieder aufgenommen, besonders infolge der zunehmenden Verwendung von Stahlsand als Putzmittel und des Bestrebens nach größter Wirtschaftlichkeit und Leistungsfähigkeit. Das neue Schleuderradverfahren beruht darauf, den Stahlsand durch rasch umlaufende Flügelräder unter Ausnutzung der Zentrifugalkraft zu beschleunigen und auf das Putzstück zu schleudern.

57. Sandfunker. Als erster rein mechanischer Sandstrahler erschien der sog. „Sandfunker" auf dem Markt. Wie die schematische Zeichnung Abb. 109 erkennen läßt, besteht die eigentliche Schleudervorrichtung aus einer mittels Keilriemenscheibe e über die Welle d

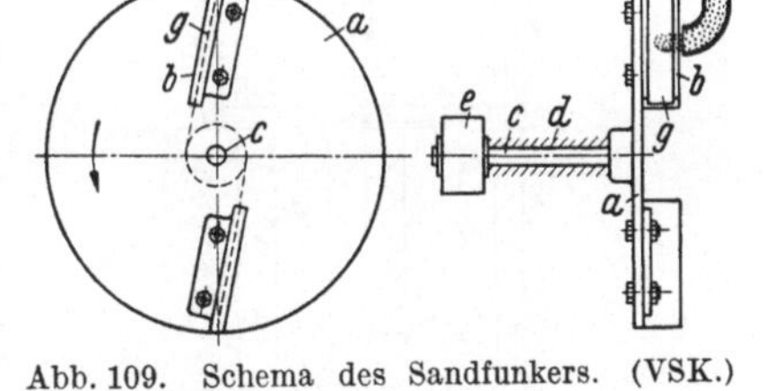

Abb. 109. Schema des Sandfunkers. (VSK.) a = Schleuderscheibe; b = Schaufeln; c = Scheibenwelle; d = Lagerung von c; e = Antriebsscheibe; f = Sandzulauf; g = Abnutzflächen.

angetriebenen fliegend gelagerten Scheibe a von hoher Umlaufzahl, auf der besonders gestaltete Flügel b mit Abnutzflächen g auswechselbar befestigt sind. Durch ein Becherwerk wird der Gebläsesand in einen Behälter gefördert, aus dem er durch das Rohr f in die Flügelbahn gelangt, um auf das Putzgut geschleudert zu werden. Die Wurfschaufeln werden von einem Elektromotor aus durch Gummikeilriemen angetrieben, damit Ungleichmäßigkeiten, die sich infolge der Abnutzung der Schaufelflächen nicht vermeiden lassen, von den Riemen ausgeglichen und nicht auf den Motor selbst übertragen werden. Außerdem sitzen Schwungräder auf den Motorwellen, die demselben Zweck dienen.

Bei dem Drehtrommelsandfunker Abb. 110 u. 111 wird der Trommelinhalt durch den Sand in gleichmäßigem Strom bestrichen. Die Zuleitung des Sandes und seine Strahlrichtung können beliebig eingestellt werden. Durch den gelochten Trommelmantel fällt der ausgeschleuderte Sand in die Bechergrube, wird hochgenommen und nach erfolgter Sichtung dem Vorratsbehälter wieder zugeführt. Bemerkenswert sind die großen Kraftersparnisse der Sandfunker gegenüber den Preßluftgebläsen, sie sollen 80···90% ausmachen. Die Trommeln sind 1000 bis 1200 mm lang bei 900/1100 mm Durchmesser.

Wie erwähnt, wird in erster Linie Stahlsand als Putzmittel bei den Schleuderstrahlern verwendet, der gegenüber dem Gebläsekies, mit dem sie natürlich auch arbeiten können, die Putzzeit wesentlich abkürzt und weniger Staub entwickelt.

Der Drehtischsandfunker Abb. 112 ähnelt in seinem äußeren Aufbau den beschriebenen Sandstrahlgebläsetischen. Er wird mit den üblichen Drehtischdurchmessern verschiedener Größe gebaut. Die großen Drehtische sind, wie das vorstehende Trommelgebläse, mit 2 Wurfeinheiten ausgestattet sowie mit einstellbarer Strahlrichtung. Ein Doppelbecherwerk besorgt den Kreislauf des Putzsandes. Die Sandfunker können auch als Putzmaschinen für besondere Zwecke eingerichtet werden.

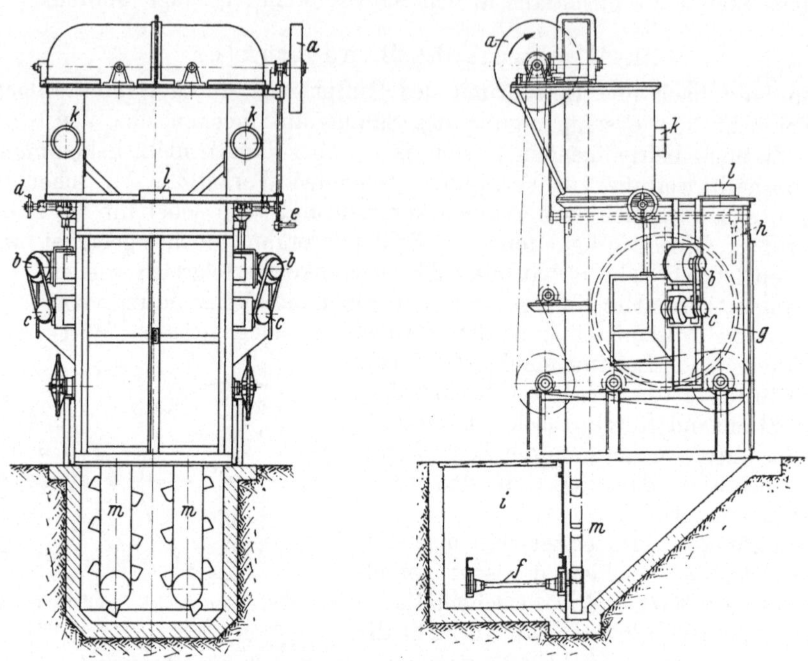

Abb. 110 u. 111.   Drehtrommel-Sandfunker.   (VSK.)

a = Antrieb; b = Antriebsmotoren für Schleuderflügel; c = Flügelwellen; d = Sandabstellung; e = Antriebsausrücker; f = Untere Becherwerkswelle; g = Drehtrommel; h = Drehrichtungsumschalter; i = Einsteiggrube; k = Anschluß der Windsichtung; l = Absaugstutzen für Staub; m = Becherwerke.

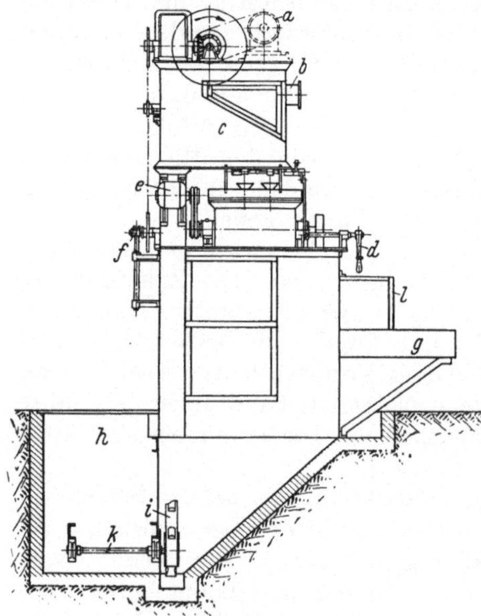

Abb. 112. Drehtisch-Sandfunker. (VSK.)

a = Motor mit Reduziergetriebe; b = Anschluß für Windsichtung; c = Sandbehälter; d = Sandzulaufregelung; e = Antriebsmotor; f = Ausrückkupplung; g = Drehtisch; h = Einsteigegrube; i = Becherwerk; k = Untere Becherwerkswelle; l = Gummivorhang.

Das Schleuderstrahlgebläse Abb. 113 u. 114 besitzt im Oberteil der Putzkammer p eine sich auf Kugeln drehende Scheibe. Sie trägt ein schnell umlaufendes Schaufelrad g mit Antriebsmotor d, so daß über dem Drehtisch c ein Putzstrahl kreist. Der Stahlsand wird durch einen Trichter h mit Füllrohr e zugeführt. Darüber steht der Windsichter l. Der Auslauf des unteren Behälters f kann mittels Handgriff m geschlossen werden, wenn der Drehtisch c stillgesetzt wird. Der gebrauchte Stahlsand fällt durch Schlitze auf eine Stahlblechschüssel n, von der ihn unter dem Drehtisch befestigte Abstreifer o in den Becherwerkstrog i schieben. Die Becher fördern ihn oben in den Windsichter l, der 3 Ausläufe s besitzt und ebenso wie der Putzraum p an die Entstaubungsanlage angeschlossen ist. Die Wände des Putzhauses p sind mit 5 mm dicken Gummiplatten ausgekleidet, um sie vor

Verschleiß zu schützen, ein dreifacher Gummivorhang verhindert das Herausspritzen von Stahlsand nach außen. Die aus Hartguß bestehenden Schleuderschaufeln verschleißen stark, können aber leicht ausgewechselt werden. Die Antriebsleistung für die ganze Maschine beträgt etwa 3 PS.

58. Der Wirbelstrahler läßt die Beschleunigung des Stahlsandes nicht allein durch das Schleuderrad vornehmen, sondern ihn schon mit großer Geschwindigkeit dort eintreten. Wie die Skizze Abb. 115 zeigt, wird diese Vorbeschleunigung durch Saugwirkung erreicht. Ein geschlossenes, mit Schaufeln versehenes Schleuderrad läuft mit großer Geschwindigkeit um und erzeugt so ähnlich wie ein Ventilator einen Unterdruck, wodurch Luft in die Rohrleitung b gesaugt wird. Diesem Luftstrom läßt man unterhalb des Trichters c Stahlsand zumischen, der so mit großer Geschwindigkeit in das Schleuderrad eingesaugt und dann von ihm auf das Werkstück geworfen wird. Der gebrauchte Sand fällt in den Trichter zurück. Das Beispiel des Wirbelstrahlerdrehtisches (Abb. 116 u. 117)

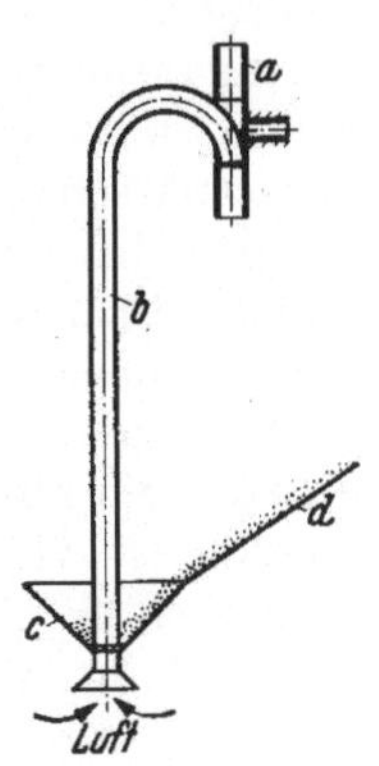

Abb. 115. Schema des Wirbelstrahlers. (Agag.)

$a =$ Schaufelrad; $b =$ Saugrohr für Blassand; $c =$ Sandbehälter; $d =$ Sandrutsche.

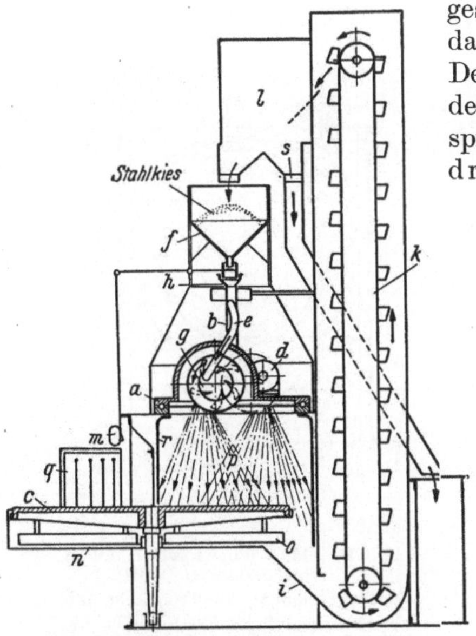

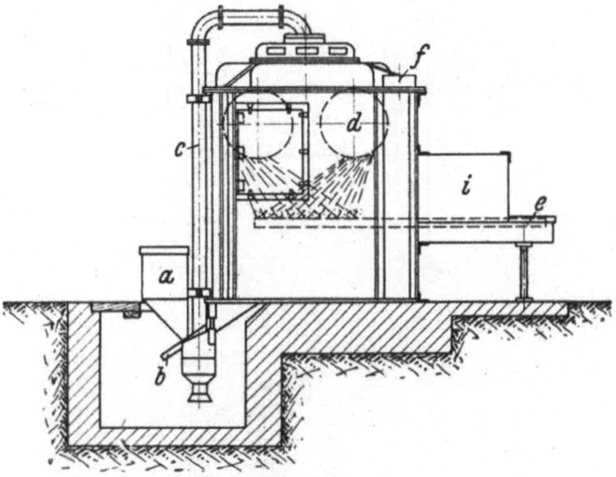

Abb. 116.

Abb. 116.

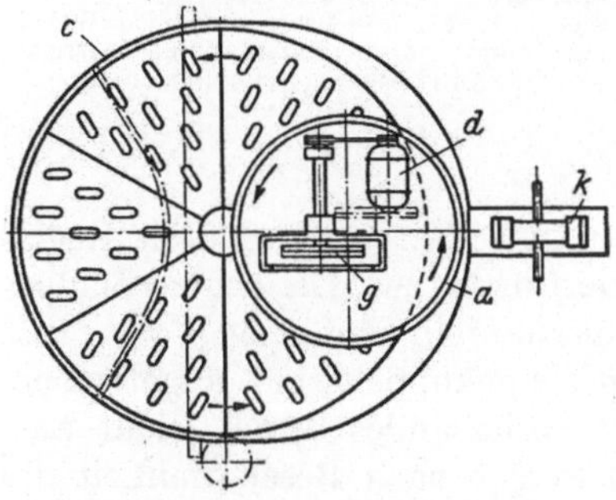

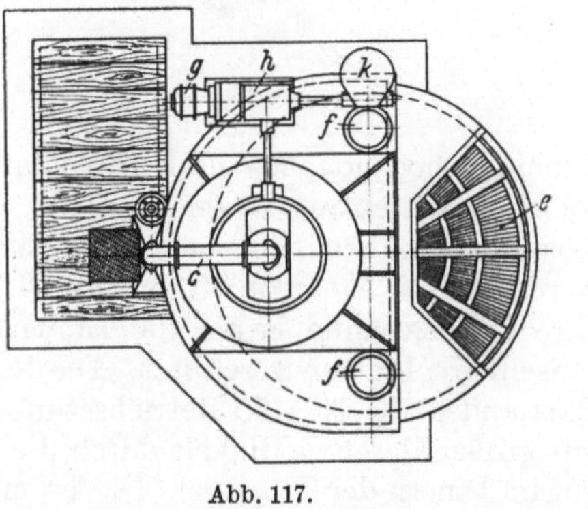

Abb. 117.

Abb. 116 u. 117. Drehtisch mit Wirbelstrahler. (Agag.)

$a =$ Sandaufgabe; $b =$ Knollenabfall; $c =$ Saugrohr; $d =$ Schleuderrad; $e =$ Drehtisch; $f =$ Staubabsaugung; $g =$ Elektromotor; $h =$ Schleuderradantrieb; $i =$ Gummivorhang; $k =$ Drehtischantrieb.

Abb. 113 u. 114. Schleuderstrahlgebläse. (GHW.)

$a =$ Drehscheibe; $b =$ Drehwelle von a; $c =$ Drehtisch; $d =$ Antriebsmotor; $e =$ Füllrohr; $f =$ Stahlkiesbehälter; $g =$ Schaufelrad; $h =$ Fülltrichter für Stahlkies; $i =$ Trog des Becherwerks; $k =$ Becherwerk; $l =$ Windsichter; $m =$ Handgriff; $n =$ Stahlblechschüssel; $o =$ Abstreifer; $p =$ Putzkammer; $q =$ Gummivorhang; $r =$ Gummiauskleidung; $s =$ Windsichterauslauf.

zeigt den einfachen Aufbau, den die beschriebene Strahleinrichtung ermöglicht, zumal besondere Becherwerke dabei fortfallen und die Gesamtbauhöhe sehr niedrig ist. Das Schleuderrad dreht sich bei der wirklichen Ausführung nicht nur um seine waagerechte Achse, sondern kreist gleichzeitig auch um die senkrechte Drehtischachse, wodurch eine günstige Tischbestrahlung namentlich auch von senkrechten Flächen erreicht wird. Gute Reinigung des gebrauchten Sandes ist auch bei den Wirbelstrahlern Voraussetzung für einwandfreies Arbeiten. Sie können auch mit Putztrommeln oder Sondereinrichtungen für bestimmte Gußstückgruppen vereinigt werden.

59. Sandwerfer. Gleichfalls ohne Becherwerk arbeitet die Schleuderrad-Sandwerferputztrommel Abb. 118···120, deren Anordnung im allgemeinen dieselbe ist wie bei der Sandgebläsetrommel (vgl. Abb. 99 u. 100). Die Trommel wird auch hier durch Exzenterklinken ruckweise auf vier losen Tragrollen gedreht, während der gebrauchte Stahlsand durch Schöpfräder an den Stirnseiten der

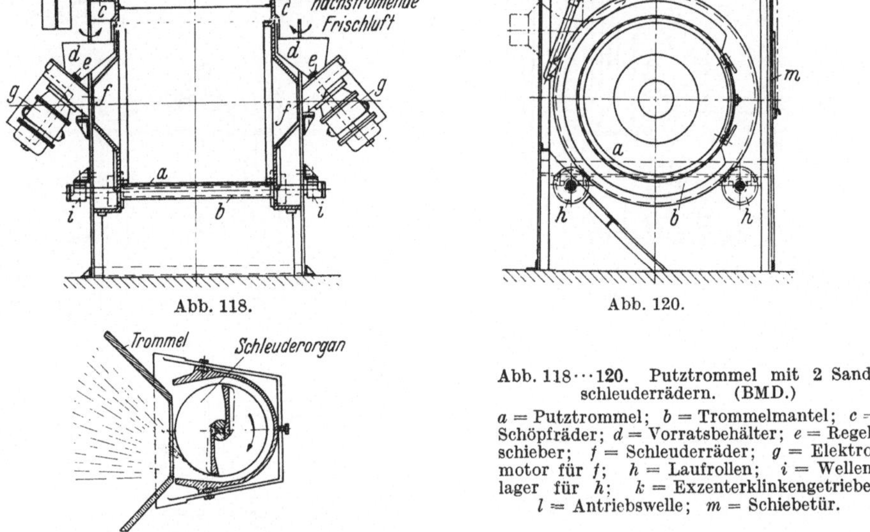

Abb. 118.

Abb. 120.

Abb. 119.

Abb. 118···120. Putztrommel mit 2 Sandschleuderrädern. (BMD.)
a = Putztrommel; b = Trommelmantel; c = Schöpfräder; d = Vorratsbehälter; e = Regelschieber; f = Schleuderräder; g = Elektromotor für f; h = Laufrollen; i = Wellenlager für h; k = Exzenterklinkengetriebe; l = Antriebswelle; m = Schiebetür.

Trommel hochgehoben und in Vorratsbehälter ausgeworfen wird. Durch Regelschieber fällt er aus diesen Behältern den Schleuderflügeln zu. Die beiden Schleuderräder besitzen leicht auswechselbare Hartgußschaufeln einfacher Form und werden durch Elektromotoren, mit deren Läufern sie gekuppelt sind, angetrieben. Ihre Gehäuse sind gegen die Einwirkungen des Spritzsandes durch leicht austauschbare Platten geschützt. Die Schaufeln müssen je nach Beschaffenheit des Blassandes alle 10···20 Betriebsstunden ersetzt werden. Sie schleudern den Sand mit großer Geschwindigkeit durch die Öffnungen der Trommelböden auf das Putzgut im Innern der Trommel. Die Trommel ist von einem Blechgehäuse mit Schiebetür umgeben, das an die Staubabsaugung angeschlossen ist. Der gebrauchte Sand wird vor der Wiederverwendung gesiebt und von feinem Staub durch eine Windsichtung gereinigt.

J. Putzen mit Wasserstrahl.

60. Wasserdruck. Im allgemeinen werden beim Putzen von Gußstücken mit vielen Kernen besonders bei großen Abmessungen der Gegenstände die Kerne von Hand oder mit Hilfe von Preßluftwerkzeugen entfernt, worauf die eigentliche Reinigung der Oberflächen mit Freistrahlgebläsen vorgenommen wird. Bei verwikkelten Stücken beansprucht das Ausstoßen der Kerne viel Zeit, die Kerneisen werden dabei meistens zerstört, und die Staubentwicklung ist dabei sehr groß. Zum Vermeiden aller dieser Nachteile wurde daher vor mehreren Jahren in den USA. das Ausspülen der Kerne durch Druckwasser eingeführt, wobei ein Druck von etwa 30 kg/cm² verwendet wurde. Die Wasserstrahldüsen besaßen i. L. 15 bis 20 mm Durchmesser und der Leistungsbedarf stellte sich auf 200···300 PS. Um den Rückdruck der Strahldüsen aufzunehmen, waren sie in Gelenken gelagert, wobei die Gußstücke aus einer mehr oder weniger großen Entfernung angestrahlt wurden, so daß man zwar große Kerne im wesentlichen beseitigen, nicht aber unterschnittene Teile gründlich reinigen konnte und mit der Hand nachgeputzt werden mußte. Außerdem war die Putzleistung solcher Anlagen im Verhältnis zu dem aufgewendeten Kraftbedarf nur gering. Man ging daher in Deutschland beim Einführen dieses neuen Putzverfahrens zum Hochdruckwasser über, das wesentlich günstiger arbeitet.

Eingehende Versuche ergaben, daß eine Erhöhung des Wasserdrucks auf 50 bis etwa 100 kg/cm² die Putzleistung ganz erheblich steigert. Das Schaubild Abb. 121 stellt die Vergrößerung der Strahlleistung in Abhängigkeit von der Wassermenge bei verschiedenen Drücken dar. Man sieht, daß bei der Anwendung höherer Drücke die Putzleistung wesentlich schneller steigt als der Kraftbedarf. Der Wasserstrahl übt nämlich bei so hohen Drücken eine schneidende Wirkung aus und spült die Kerne nicht mehr allmählich von der Oberfläche nach innen zu ab, sondern zerschneidet sie in mehr oder weniger große Stücke und schleudert sie heraus. In Wirklichkeit weichen die Putzleistungen noch erheblicher voneinander ab, da die Kurven nur die reine Wasserstrahlenergie darstellen. Zum Herausschneiden der Kerne bei höheren Drücken genügt ein verhältnismäßig dünner Wasserstrahl, es reicht also für eine größere Putz-

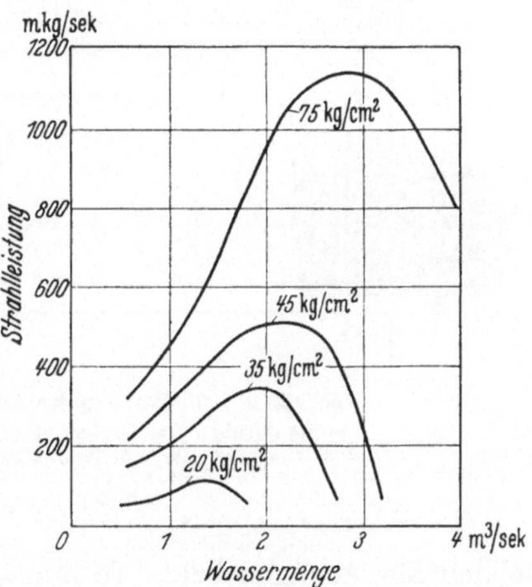

Abb. 121. Strahlleistung im Verhältnis zum Wasserdruck.

leistung eine kleine Wassermenge aus, was wiederum den Kraftverbrauch erheblich verringert, der etwa nur $\frac{1}{10}$ bis $\frac{1}{5}$ der erwähnten amerikanischen Anlagen beträgt.

61. Düsenbauart. Zum Reinigen werden von Hand gesteuerte Düsen verwendet, die in die Gußstücke unmittelbar hineingeführt werden, wodurch der konzentrierte schneidende Hochdruckwasserstrahl voll zur Wirkung kommt, während er beim Bestrahlen aus mehr oder weniger großen Entfernungen bereits zerteilt ist, ehe er auf das Putzstück trifft. Bei dem deutschen Verfahren werden kleine Düsenquerschnitte angewendet, daher ist auch der Rückdruck auf die Strahlrohre trotz der hohen Wasserdrücke so klein, daß sie nicht in Gelenken gelagert zu werden brauchen, sondern von Hand in die Gußstücke eingeführt werden können.

Es werden gerade und gebogene Düsen benützt, so daß auch das Reinigen selbst
stark unterschnittener Stellen, gewundener Kanäle usw. keine Schwierigkeiten
macht. Versieht man die Düsenrohre mit einem bajonett- oder kronenbohrer-
artigen Hilfswerkzeug, so kann der Putzer zur Unterstützung der Strahlenwirkung
die Kernteile und Sandkrusten noch losstoßen. Ein Beispiel möge die große Über-
legenheit dieser Putzart gegenüber dem Putzen von Hand beleuchten. Ein
Turbinenmantel von 4000 kg, der wie alle dem Verfahren unterworfenen
Teile ohne Vorreinigung aus der Gießerei unmittelbar in die Wasserputz-
kammer eingesetzt wurde, benötigte zur vollständigen Reinigung mit Druckwasser
von 75 kg/cm² nur 4 Stunden, während das Säubern desselben Stückes von Hand
40 Stunden erforderte. Man gebraucht also für das Wasserputzen gegenüber dem
Handputzen nur ¹/₁₀ der Zeit.

62. Anlagen. Eine Wasserputzanlage (Abb. 122 u. 123) besteht aus dem
Putzhaus, einer Wassergrube und einem Preßwassererzeuger. Die zu reinigenden
Stücke werden in das Putzhaus gebracht, dessen Abmessungen sich nach der Größe des in Frage kommenden Putzgutes richten. Mit dem Strahlrohr leitet der vor dem Gehäuse stehende Bedienungsmann mittels gerader oder gebogener Strahldüse den Wasserstrahl auf und in das zu reinigende Werkstück. Eine gleichfalls von außen elektrisch angetriebene Drehscheibe bringt das Stück in die gewünschte Putzlage. Gebrauchtes Wasser und ausgespritzter Sand sammeln sich in der Fundamentgrube, aus der

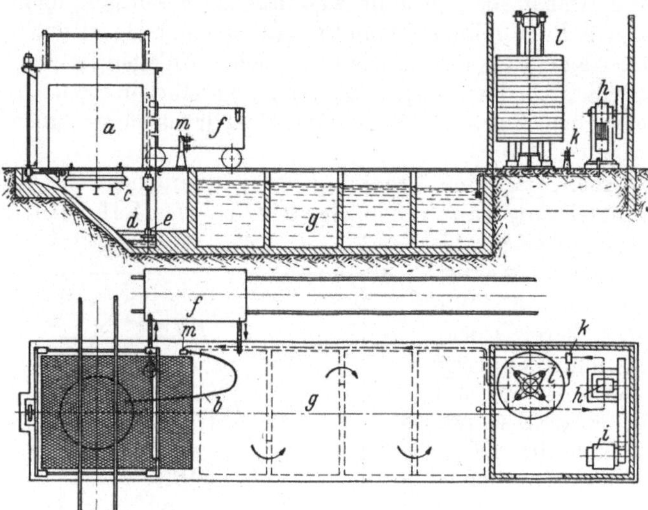

Abb. 122 u. 123. Wasserputzanlage. (BMD.)

a = Putzhaus; *b* = Strahlrohr; *c* = Drehscheibe; *d* = Grube; *e* = Schlammpumpe; *f* = Transportwagen; *g* = Schlammgrube; *h* = Hochdruckpumpe;
i = Elektromotor; *k* = Umschaltapparat; *l* = Akkumulator; *m* = Wasser-
verteiler.

sie eine Schlammpumpe
in den Förderwagen hebt. In ihm setzen sich Sand und Schlamm ab und können
abgefahren werden. Das durch den Wagenüberlauf austretende Wasser kann über
eine kleine Schlammgrube unmittelbar in die Kanalisationsleitung fließen, wenn
auf seine Wiederbenutzung kein Wert gelegt und die Preßpumpe nur mit Frisch-
wasser gespeist wird. Bei Wiederverwendung des gebrauchten Wassers ist dagegen eine größere Schlammgrube vorgesehen. Sie wird zweckmäßig so eingerichtet, daß das Wasser gezwungen wird, kaskadenartig mehrere Gruben nacheinander zu durchströmen. Dadurch werden alle im Wasser schwebenden festen
Teile ausgeschieden. Den nötigen Wasserdruck erzeugt eine Hochdruck-Drillings-
pumpe, die mittels Riemen durch einen Elektromotor angetrieben wird. Sie setzt
in der Regel das Wasser unter einen Druck von 75 kg/cm² und fördert es zunächst
in einen Sammler, der es in den Wasserverteilungsapparat drückt. Während
der Unterbrechung des Strahlbetriebes tritt das von der Pumpe geförderte Wasser
durch einen Umschaltapparat ohne Druck wieder in die Wassergrube zurück,

aus der es von neuem wieder angesaugt wird. Die Gesamtanordnung der Anlage kann man den örtlichen Verhältnissen ohne weiteres anpassen, so steht z. B. nichts im Wege, die große Grube außerhalb der Putzerei ins Freie zu verlegen, um den Putzraum nicht zu beanspruchen.

Neben der großen Leistungsfähigkeit für das Putzen von Großguß besitzt das Druckwasserputzverfahren den großen Vorzug eines vollkommen staubfreien Arbeitens, der sowohl mit Rücksicht auf die Gesundheit der Bedienungsleute als auf den Wegfall der Entstaubungsanlagen nicht hoch genug eingeschätzt werden kann.

III. Tabellarische Angaben über Baugrößen und Leistungen einiger ausgeführter Maschinen.

Wie schon an früheren Stellen erwähnt wurde, ist es unmöglich, in diesem Heft bei Angaben über ausgeführte Maschinen und Anlagen irgendwie vollständig zu sein. Auf keinen Fall ist es als Werturteil aufzufassen, wenn das eine Erzeugnis erwähnt oder ausführlicher dargestellt und manch anderes weggelassen wurde. Immerhin schien es zweckmäßig, in dieser Tabelle einen beispielhaften Überblick auch über Baugrößen und Leistungen von Erzeugnissen deutscher Gießereimaschinenfabriken zu vermitteln.

Abb. Nr.	Maschine oder Anlage	Anzahl der Bau- größen	Kraft- bedarf PS	Größenangaben und Leistungen (Leistungen stets Fertigsand u. dgl.)
12/13	Stehender Sandtrocken- ofen	4	1,8 ··· 5	1200 ··· 4000 kg/Std. bei 15 % Feuchtig- keitsgehalt
16/17	Schüttelsieb	1	0,5	4 m³/Std. mit 600 × 450 mm² Siebgröße
18	Druckluftsieb	1		5 m³/Std. mit 750 × 550 mm² Siebgröße und 0,6 m³ Luftbedarf (angesaugt)
20	Schüttelsieb mit Rück- laufrinne	2	1,5 u. 2,5	4 u. 7 m³/Std. mit 1000 × 500 u. 1200 × 800 mm² Siebfläche u. 6 mm Ma- schenweite
26/27	Großes Polygonsieb	3	0,5 ··· 1	7 ··· 12 m³/Std. mit 450/600 bis 600/900 Millimeter Dmr., 1000 ··· 1500 mm Länge, 6 mm Maschen
29	Walzwerk	5	1,5 ··· 6	2,5 ··· 20 m³/Std. bei 300 mm Walzen- Dmr. u. 300 ··· 1100 mm Walzenlänge
31	Kugelmühle	7	1 ··· 9	40 ··· 190 Umdr./min beim Mahlvor- gang, 21 ··· 95 beim Entleeren
37	Stiftenschleudermaschine		4 ··· 15	4 ··· 15 m³/Std.
42	Sandwolf		7,5	5 m³/Std. Fertigsand auf 4 m Höhe
58	Kernsandmischmaschine		1,5 ··· 2,5	120 ··· 800 kg/Std. bei 35 ··· 100 kg Troginhalt. Flügelwelle 50 bzw. 150 U/min
60	Mischkollergang			3 m³/Std. Fertigsand
61 ··· 63	Aufbereitungsmisch- kollergang		3 ··· 4	2 ··· 4 m³/Std. Einheitssand oder 1 ··· 2 m³/Std. Modellsand
64	Mischkollergang mit Schüttelsieb	2	10 ··· 12	Bis zu 6 m³/Std. Einheitssand oder bis zu 4 m³/Std. Modellsand. Läufer- walzen 400 mm Dmr. bei 480 bzw. 575 mm Länge, Mischteller 1530 und 1820 mm Dmr.
69 ··· 72	Eirich-Mischer	2	2 ··· 5	1 ··· 5 m³/Std. bei 150 bzw. 250 l Trog- inhalt
74/75	Putztisch	3		750 bzw. 1400 mm breit; 2, 3 u. 5 m lang
76	Putzroste			Bis zu 76 m² Gesamtfläche
77	Putzroste mit selbst- tätiger Schuttabfuhr			Bis zu 200 m² nutzbarer Rostfläche

Abb. Nr.	Maschine oder Anlage	Anzahl der Baugrößen	Kraftbedarf PS	Größenangaben und Leistungen (Leistungen stets F e r t i g sand u. dgl.)
79	Eingußabschneide-maschine		4,5	45 mm Schnittstärke bei Werkstoff von 20 kg/mm² Festigkeit. Bei größerer Festigkeit weniger. 100 U/min
80/81	Kleine Schleifmaschine			Schleifscheibe 350 mm Dmr., 40 mm breit, 1600 U/min
82/83	Doppelschleifmaschine	2	2 u. 3	Schleifscheibe 350 und 600 mm Dmr., 40 und 60 mm breit, 1600 und 950 U/min
84/85	Hängende Schleif-maschine		1···2	Schleifscheibe 350 mm Dmr., 40···50 mm breit, 1600 U/min
86/87	Putztrommeln	zahlreich	1···20	Trommeln innen 300···1500 mm Dmr., 600···3000 mm lang
95	Putzhaus mit Freistrahl-gebläse			Drehscheiben 1200···2400 mm Dmr., 3···20 t Tragkraft, Arbeitsfläche 2×2 bis 4,5 × 4,5 m² (mit 2 Drehscheiben bis 11 × 5 m²)
99/100	Trommelgebläse	3	3···6	1800···5000 kg Putzleistung bei Grau-guß; bei Temper- u. Stahlguß weni-ger. Trommel 1000···1200 mm Dmr., 1000 u. 1500 mm lang. Luftdruck 2 kg/cm²
101	Drehtischgebläse	2	0,5···1	Tisch 1800 bzw. 2300 mm Dmr., Luft-druck 3 kg/cm²
102/103	Drehtischgebläse	2	0,5···1	Wie Nr. 101; mit 2 bzw. 3 Blasdüsen
105	Drucksandstrahldreh-tisch	4		Tisch 1680···3600 mm Dmr., 2, 3 oder 4 Düsen
107	Sandstrahlgebläse mit Sprossentisch	2	1···2	Werkstücke beliebig lang, 600 bzw. 1050 mm breit
116/117	Wirbelstrahler-Drehtisch	3		Tisch 1800, 2200 u. 2800 mm Dmr.
118/120	Schleuderrad-Sandstrahl-putztrommel	3	4,5···7	Trommel 800···1200 mm Dmr., 800 bis 1500 mm lang
122/123	Druckwasser-Putzanlage	4		Drehscheibe 1200···2400 mm Dmr., 3···10 t Tragkraft. Arbeitsfläche 2 × 2 bis 4,5 × 4,5 m², lichte Höhe 2,5···3,5 m

Druck von C. G. Röder, Leipzig.

Praktisches Handbuch der gesamten Schweißtechnik. Von Direktor Professor Dr.-Ing. **P. Schimpke,** Chemnitz, und Obering. Direktor **Hans A. Horn,** Charlottenburg.

E r s t e r B a n d: **Gasschweiß- und Schneidtechnik.** D r i t t e, neubearbeitete und vermehrte Auflage. Mit 347 Textabbildungen und 22 Tabellen. VIII, 300 Seiten. 1938.
Gebunden RM 18.—

Z w e i t e r B a n d: **Elektrische Schweißtechnik.** Z w e i t e, neubearbeitete und vermehrte Auflage. Mit 375 Textabbildungen und 27 Tabellen. VIII, 274 Seiten. 1935.
Gebunden RM 15.—

Die Blechabwicklungen. Eine Sammlung praktischer Verfahren, zusammengestellt von Ing. **Johann Jaschke.** N e u n t e, ergänzte und verbesserte Auflage. Mit 318 Abbildungen im Text und auf einer Tafel. IV, 98 Seiten. 1938.   RM 3.20

Taschenbuch für wirtschaftliche Blechbearbeitung. D r i t t e, erweiterte Auflage, herausgegeben von der **L. Schuler** A.-G., Göppingen-Württemberg. Mit zahlreichen Abbildungen, Tabellen und Zahlentafeln. 446 Seiten. 1937. Gebunden RM 4.50

Praktisches Rohrbiegen. Allgemeinverständlicher Ratgeber für die gesamte Metall- und Maschinenindustrie, sowie für Kupferschmiede, Gürtler, Installateure und Gewerbeschullehrer. Von Ing. **Otto Grunow,** Berlin. Mit 44 Textabbildungen. 66 Seiten. 1935.   RM 4.—

Metallfärbung. Die wichtigsten Verfahren zur Oberflächenfärbung und zum Schutz von Metallgegenständen. Von **Hugo Krause,** Beratender Ingenieur-Chemiker. Z w e i t e, vollständig neu bearbeitete und vermehrte Auflage. VII, 183 Seiten. 1937.
RM 7.50; gebunden RM 8.80

Was ist Stahl? Einführung in die Stahlkunde für Jedermann. Von **Leopold Scheer.** D r i t t e, vermehrte Auflage. Mit 48 Abbildungen im Text und einer Tafel. VII, 104 Seiten. 1938.   RM 3.—; gebunden RM 3.80

Deutsche Austausch-Werkstoffe. Von Professor Dipl.-Ing. **H. Bürgel** VDI, VAM, Chemnitz. (Schriftenreihe Ingenieurfortbildung, 2. Heft.) Mit 84 Textabbildungen und 23 Zahlentafeln. VIII, 154 Seiten. 1937.   RM 6.60

Hilfsbuch für die praktische Werkstoffabnahme in der Metallindustrie. Von Dr. phil. **E. Damerow** und Dipl.-Ing. **A. Herr,** Berlin. Mit 38 Abbildungen und 42 Zahlentafeln. IV, 80 Seiten. 1936.   RM 9.60

Die praktische Werkstoffabnahme in der Metallindustrie. Von Dr. phil. **Ernst Damerow,** Berlin. Mit 280 Textabbildungen und 9 Tafeln. VI, 207 Seiten. 1935.
RM 16.50; gebunden RM 18.—

Was muß der Maschineningenieur von der Eisengießerei wissen? Bearbeitet von zahlreichen Fachgelehrten. Herausgegeben von Dr.-Ing. **A. Lischka†.** (Schriften der Arbeitsgemeinschaft Deutscher Betriebsingenieure, Band VI.) Mit 243 Abbildungen im Text und auf 8 Tafeln sowie 38 Tabellen. VI, 272 Seiten. 1929.
Gebunden RM 22.95

Mehrspindel-Automaten. Von Dr.-Ing. **Hans H. Finkelnburg** VDI. Mit 217 Abbildungen im Text. VI, 203 Seiten. 1938.   RM 18.60; gebunden RM 19.80

Die Dreherei und ihre Werkzeuge. Handbuch für Werkstatt, Büro und Schule. Von Betr.-Direktor **Willy Hippler.** D r i t t e , umgearbeitete und erweiterte Auflage. E r s t e r T e i l: Wirtschaftliche Ausnutzung der Drehbank. Mit 136 Abbildungen im Text und auf zwei Tafeln. VII, 259 Seiten. 1923.   Gebunden RM 12.15

Taschenbuch für Schnitt- und Stanzwerkzeuge. Von Dr.-Ing. **G. Oehler.** Z w e i t e , verbesserte Auflage. Mit zahlreichen Abbildungen, Literatur-Nachweisen, Konstruktions- und Berechnungsbeispielen. VI, 136 Seiten. 1938. Gebunden RM 8.70

Schnitte und Stanzen. Ein Lehr- und Nachschlagebuch für Studium und Praxis. Von Betriebsingenieur **Ernst Göhre.**

E r s t e r B a n d: **Schnitte.** Mit 183 Abbildungen im Text und auf zwei Tafeln. VI, 192 Seiten. 1927.   RM 12.15; gebunden RM 14.40

Z w e i t e r B a n d: **Biegestanzen und Biege-Verbundwerkzeuge.** Mit 302 Abbildungen im Text. VI, 230 Seiten. 1930.   RM 18.—; gebunden RM 20.70

Handbuch der Ziehtechnik. Planung und Ausführung, Werkstoffe, Werkzeuge und Maschinen. Von Dr.-Ing. **Walter Sellin.** Mit 371 Textabbildungen. XII, 360 Seiten. 1931.   Gebunden RM 28.80

Die Grundzüge der Werkzeugmaschinen und der Metallbearbeitung. Von Prof. **F. W. Hülle,** Magdeburg. In zwei Bänden.

E r s t e r B a n d: **Der Bau der Werkzeugmaschinen.** S i e b e n t e , vermehrte Auflage. Mit 536 Textabbildungen. IX, 287 Seiten. 1931. Unveränderter Neudruck 1938.   RM 7.—; gebunden RM 8.25

Z w e i t e r B a n d: **Die wirtschaftliche Ausnutzung der Werkzeugmaschinen.**   z. Zt. vergriffen

Rechnen an spanabhebenden Werkzeugmaschinen. Ein Lehr- und Handbuch für Betriebsingenieure, Betriebsleiter, Werkmeister und vorwärtsstrebende Facharbeiter der metallverarbeitenden Industrie. Von **Franz Riegel,** Maschineningenieur an der städtischen Berufsoberschule Nürnberg.

E r s t e r B a n d: **Rechnerische Grundlagen, Kegeldrehen, Gewindeschneiden, Teilkopfarbeiten, Hinterdrehen.** Mit 144 Textabbildungen, 68 Beispielen, 19 Berechnungs- und 22 Zahlentafeln. VIII, 161 Seiten. 1937.   RM 9.60

Toleranzen und Lehren. Von Oberreg.-Baurat Dipl.-Ing. **P. Leinweber** VDI. Mit 134 Abbildungen im Text. VI, 115 Seiten. 1937.   RM 6.60